国家中等职业教育改革发展示范学校建设项目成果

电气控制线路安装与调试

席 丹 编

机械工业出版社

电气控制线路安装与调试是职业技术学校机电类专业的专业核心课程之一,是一门实践性很强的课程。本书作为该课程的教材,采用工作页的模式,涵盖典型的电气控制线路的安装与调试,便与教学的开展。

本书共有 10 个学习任务,包括三相异步电动机单向运转自动控制线路的装调、三相异步电动机连续与点动混合正转控制线路的装调、三相异步电动机双重联锁正反转控制线路的装调、位置控制与自动往返控制线路的装调、两台电动机顺序起动逆序停止控制线路的装调、三相异步电动机Y-△减压起动控制线路的装调、自耦变压器减压起动控制线路的装调、电磁抱闸制动器通电制动控制线路的装调、三相异步电动机单向起动反接制动控制线路的装调、双速电动机低速起动高速运转控制线路的装调。学习任务由浅入深,按照由简到难的顺序设定,旨在让学习者体验循序渐进的学习提高过程。

本书可作为中等职业学校、技工学校电气运行与控制专业及电气技术专业指导用书。

图书在版编目(CIP)数据

电气控制线路安装与调试/席丹编. —北京:机械工业出版社,2016.4(2020.1 重印)

国家中等职业教育改革发展示范学校建设项目成果

ISBN 978 - 7 - 111 - 53248 - 4

Ⅰ.①电… Ⅱ.①席… Ⅲ.①电气控制 - 控制电路 - 安装 - 中等专业学校 - 教材②电气控制 - 控制电路 - 调试方法 - 中等专业学校 - 教材

Ⅳ.①TM571.2

中国版本图书馆 CIP 数据核字(2016)第 056386 号

机械工业出版社(北京市百万庄大街 22 号 邮政编码 100037)

策划编辑:郑振刚   责任编辑:郑振刚   版式设计:霍永明
责任校对:刘 岚   封面设计:路恩中   责任印制:常天培

北京捷迅佳彩印刷有限公司印刷

2020 年 1 月第 1 版第 2 次印刷

184mm×260mm · 9.5 印张 · 232 千字

标准书号:ISBN 978 - 7 - 111 - 53248 - 4

定价:26.00 元

凡购本书,如有缺页、倒页、脱页,由本社发行部调换

电话服务   网络服务

服务咨询热线:010 - 88379833   机 工 官 网:www.cmpbook.com
读者购书热线:010 - 88379649   机 工 官 博:weibo.com/cmp1952
                               教育服务网:www.cmpedu.com

封面无防伪标均为盗版   金 书 网:www.golden-book.com

前　言

　　本书是国家中等职业教育改革发展示范学校建设项目成果教材，在编写过程中打破了传统工作页的编写模式，以实际的工作任务为驱动，将课程中需要掌握的知识点分解在每个真实的学习任务中。

　　本书共设 10 个学习任务，每个学习任务的设定按照由浅入深、由简到难的顺序设定，旨在让学生在循序渐进的学习过程中提高职业能力。让学生学会自主学习，学会目标管理，学会分析生产机械控制线路的工作原理，学会常用生产机械控制线路的安装、调试与维护方法，学会按照生产工艺的需要设计与安装电力拖动控制线路，通过训练提升学生学习的能力和团队合作的社会能力。

　　本书做为一体化教学配套使用的工作页，在编写时尽可能以图片等简单浅显的方式进行生动的展示，使读者的认知更直观，引导问题紧扣工作过程，并以小提示的方式进行基础知识的补充，学习过程结合企业实践知识，不仅可以激发学生的学习兴趣，还可以逐步培养学生独立分析和解决实际问题的能力。

　　由于编者水平有限，书中不妥之处在所难免，恳请读者批评指正。

编　者

目　录

学习任务1 三相异步电动机单向运转自动控制线路的装调

学习目标

1. 能通过阅读工作任务联系单和现场勘察，明确工作任务要求。
2. 能正确认识相关低压电器的外观、结构、用途、型号和应用场合等。
3. 能正确识读电气原理图、绘制安装图、接线图，明确控制器件的动作过程和控制原理。
4. 能按图样、工艺要求、安全规范和设备要求，安装元器件，按图接线，实现控制线路的正确连接。
5. 能正确使用仪表进行测试检查，验证电路安装的正确性，能按照安全操作规程正确通电试车。
6. 能正确标注有关控制功能的铭牌标签。
7. 施工后能按照管理规定清理施工现场。

工作任务描述

学校仓库检测电动机的实训台年久失修，电气线路严重老化，无法正常工作，需要重新装调十台。要求在规定期限内完成实训台的安装、调试，并交有关人员验收。通过完成此任务，可以掌握三相异步电动机单向运转自动控制线路的控制原理和安装调试流程。

工作流程与活动

1. 明确工作任务。
2. 施工前的准备。
3. 现场施工。
4. 工作总结与评价。

学习活动1 明确工作任务

学习目标

1. 能阅读"实训台电气线路的装调"工作任务联系单。
2. 能明确工时、工艺要求。
3. 能明确个人任务要求。
4. 了解单向运转自动控制线路。

学习过程

一、阅读工作任务联系单

阅读工作任务联系单,见表1-1。根据实际情况补充完整,并回答问题。

表1-1 工作任务联系单

流水号: 201501

类别:水□ 电□ 暖□ 土建□ 其他□   日期:2015 年 8 月 31 日

安装地点	学校机电工程系实训室		
安装项目	三相异步电动机单向运转自动控制线路实训台		
需求原因	实训室需求		
申报时间	2015 年 8 月 31 日	完工时间	2015 年 9 月 4 日
申报单位	机电工程系实训室	安装单位	电气组
验收意见		安装单位电话	89896666
验收人		承办人	
申报人电话	89895555	承办人电话	
实训室负责人	崔洋	实训室负责人电话	89894444

二、单向运转自动控制线路

单向运转自动控制线路,是用按钮、接触器等最简单的电器元件来控制电动机运转的线路,是最简单的正转控制线路。

 引导问题:

什么是手动点动控制?什么是自动控制连续运转?

_____

_____

_____

小提示

1. 概述

起动控制多用于机床刀架、横梁、立柱等快速移动和机床对刀等场合。点动控制的一般步骤为：按下起动按钮（即 SB 起动按钮）—接触器 KM 线圈导通—KM 主触点闭合—电动机 M 通电起动运行；松开起、动按钮 SB—接触器 KM 线圈失电—KM 主触点断开—电动机 M 失电停止运行。

点动控制也常用于维修机床设备试车。

2. 点动控制和连续运转控制的概念

点动控制：按下起动按钮电动机得电运行；松开起动按钮，电动机失电，停止运行。连续运转控制：按下起动按钮电动机得电运行，松开起动按钮，由于接触器利用常开辅助触头自锁，电动机继续运行，只有按下停止按钮后，电动机才会失电停止运行。

3. 点动和连续运转控制的区别

接触器自身没有机械自锁，所谓自锁是靠电路实现。点动是通过起动按钮给电到接触器线圈，然后接触器吸合，松开起动按钮后线圈失电，接触器断开。连续运转是在点动的基础上，从接触器的常开辅助触头中引出一组线经过"停止"开关到线圈，按下起动按钮，线圈得电吸合，常开辅助触头闭合，线圈得电，松开起动按钮，线圈保持得电吸合的状态。按下停止按钮，电动机失电停止运行。

4. 点动和连续运转控制优缺点

点动控制的优点是电器元件少，线路简单。缺点是劳动强度大，安全性差，不便于远距离控制。连续运转控制主要是采用自锁控制，自锁控制的优点是操作方便，节省时间，但功能较单一。

学习活动 2　施工前的准备

学 习 目 标

1. 认识本任务所用低压电器，能描述它们的结构、工作原理、用途、型号及应用场合。
2. 能准确识读电器元件符号。
3. 能对电器元件进行检测。
4. 能正确绘制电器布置图和接线图。

学 习 过 程

一、认识元器件

引导问题：

1. 什么是低压电器，举出你所知道的低压电器？

2. 低压电器是如何分类的?

3. 根据表 1-2 中提供的各种低压电器, 对照图片写出其名称、符号及功能。

表 1-2　低压电器名称、符号及功能

实物照片	名　称	文字符号和图形符号	功能和用途

4. 熔断器一般用在什么场合？常用的低压熔断器有多种类型，查阅相关资料，列举常见的类型。

_____

_____

5. 认真观察按钮，按钮由哪几部分组成？写出起动按钮、停止按钮和复合按钮功能上的区别及各自的图形符号。说明常开触头和常闭触头的含义及表示方法。

_____

_____

6. 交流接触器在电路中的作用？

_____

_____

7. 交流接触器主要由哪几部分组成？接触器的哪些电器元件需接在控制线路中？

_____

_____

8. 选用接触器主要考虑哪几个方面因素？

_____

_____

_____

9. 接入交流接触器线圈的电压过高或过低会造成什么后果？为什么？

_____

_____

_____

10. 什么是热继电器？双金属片式热继电器主要由哪几部分组成？

_____

_____

_____

🔵 **小提示**

1. 概述

低压电器是指工作电压在交流1200V、直流1500V以下的器件及电气设备。低压电器在工业电气控制系统中的主要作用是对所控制的线路或线路中其他的电器进行通断、保护、控制或调节。

低压电器根据其控制对象的不同，分为配电电器和控制电器两大类。

配电电器主要用于低压配电系统和动力回路。常用的有：刀开关、转换开关、熔断器、断路器、接触器等。

控制电器主要用于电力传输系统和电气自动控制系统，常用的有：主令电器、继电器、起动器、控制器、万能转换开关等。

2. 低压电器型号编制方法

为了便于了解文字符号和各种低压电器的特点，根据《低压电器产品型号编制办法》（JB/T 2930—2007）的分类方法，将低压电器分为 13 个大类。每个大类用一位汉语拼音字母作为该产品型号的首字母，第二位汉语拼音字母表示该类电器的各种形式。

1）刀开关 H，例如 HS 为双投式刀开关（刀型转换开关），HZ 为组合开关。

2）熔断器 R，例如 RC 为瓷插式熔断器，RM 为密封式熔断器。

3）断路器 D，例如 DW 为万能式断路器，DZ 为塑壳式断路器。

4）控制器 K，例如 KT 为凸轮控制器，KG 为鼓型控制器。

5）接触器 C，例如 CJ 为交流接触器，CZ 为直流接触器。

6）起动器 Q，例如 QJ 为自耦变压器减压起动器，QX 为星三角起动器。

7）控制继电器 J，例如 JR 为热继电器，JS 为时间继电器。

8）主令电器 L，例如 LA 为按钮，LX 为行程开关。

9）电阻器 Z，例如 ZG 为管型电阻器，ZT 为铸铁电阻器。

10）变阻器 B，例如 BP 为频敏变阻器，BT 为起动调速变阻器。

11）调整器 T，例如 TD 为单相调压器，TS 为三相调压器。

12）电磁铁 M，例如 MY 为液压电磁铁，MZ 为制动电磁铁。

13）其他 A，例如 AD 为信号灯，AL 为电铃。

3. 熔断器

熔断器在电路中主要起短路保护作用，用于保护电路。熔断器的熔体串接在被保护的电路中，当电流产生的热量过高时熔体熔断，自动切断电路，实现短路保护及过载保护。常用熔断器结构及图形符号如图 1-1 所示。

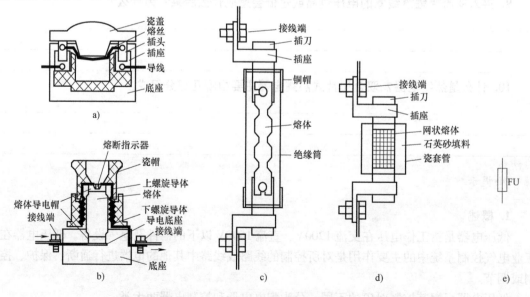

图 1-1　常用熔断器结构及图形符号

a) RC1 型瓷插式熔断器　b) RL1 型螺旋式熔断器　c) RM10 型密封管式熔断器
d) RTO 型有填料式熔断器　e) 熔断器图形符号

熔断器的主要技术参数包括额定电压、熔体额定电流、熔断器额定电流、极限分断能力等。

1）额定电压：指保证熔断器能长期正常工作的电压。

2）熔体额定电流：指长期通过熔体而不会使熔体熔断的电流。

3）熔断器额定电流：指保证熔断器能长期正常工作的电压。

4）极限分断能力：指熔断器在额定电压下所能断开的最大短路电流。在电路中出现的最大电流一般是指短路电流值，所以，极限分断能力也反映了熔断器分断短路电流的能力。

熔断器的额定电流与熔体的额定电流是两个概念。一个熔断器会配置若干个额定电流不大于熔断器额定电流的熔体。

4. 按钮

主令电器是一种机械操作的控制电器，可对各种电气系统发出控制指令，使继电器和接触器动作，从而改变电气设备的工作状态（如电动机的起动、停止、变速等）。

主令电器应用广泛，种类繁多。最常见的有控制按钮、行程开关、接近开关、转换开关和主令控制器等。

控制按钮，简称按钮，是用来接通或者分断小电流电路的控制电器；是发出控制指令或者控制信号的电器开关；是一种手动且一般可以自动复位的主令电器。在控制线路中，通过按动按钮发出控制指令来控制接触器、继电器等电气设备，进而实现对主电路的通断控制。

按钮由按钮帽、复位弹簧、桥式触头和外壳等组成，其结构示意图及图形符号如图1-2所示。触头采用桥式触头，触头又分常开触头（动合触头）和常闭触头（动断触头）两种。

按钮从外形和操作方式上可以分为平钮和急停按钮，急停按钮也叫蘑菇头按钮，如图1-2c所示，除此之外还有钥匙钮、旋钮、拉式钮、带灯式等多种类型。

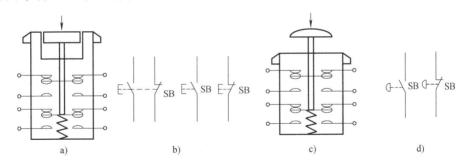

图 1-2　按钮结构示意图及图形符号

a）按钮示意图　b）按钮图形符号　c）急停按钮示意图　d）急停按钮图形符号

按钮型号及含义：

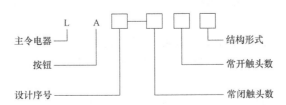

其中，结构形式代号的含义如下。

K：开启式	F：防腐式	D：指示灯式
S：防水式	J：紧急式	DJ：紧急式带指示灯
H：保护式	Y：钥匙式	X：旋钮式

为了标明各个按钮的作用，避免误操作，通常将按钮帽做成不同的颜色以示区别，有红、橘红、绿、黑、黄、蓝、白等颜色。一般以橘红色表示紧急停止按钮；红色表示停止按钮；绿色表示起动按钮；黄色表示信号控制按钮等。

紧急式按钮装有较大突出的橘红色蘑菇型按钮帽，以便于紧急时操作。该按钮按动后将自锁为按动后的工作状态。

旋钮式按钮装有可扳动的手柄式或钥匙式，并配有可单一方向或可逆向旋转的按钮帽。该按钮可实现诸如顺序或互逆式往复控制。

指示灯式按钮是在可透明的按钮帽内部装有指示灯，用作指示按动该按钮后的工作状态以及控制信号是否发出或者接收状态。

钥匙式按钮是依据重要程度或者安全的要求，在按钮帽上装有必须用特制钥匙方可打开或者接通装置的按钮。

按钮实物图如图 1-3 所示。

图 1-3　按钮实物图

5. 交流接触器

接触器在电力拖动自动控制线路中被广泛应用，主要用于控制电动机等。接触器能频繁地通断交直流电路，可实现被控线路远距离控制。它具有低电压释放保护功能。接触器有交流接触器和直流接触器两大类型。

（1）交流接触器的组成部分

交流接触器由四部分组成，如图 1-4 所示。

1）电磁机构：电磁机构由线圈、动铁心（衔铁）和静铁心组成。

2）触头系统：交流接触器的触头系统包括主触头和辅助触头。主触头用于通断主电路，有 3 对或 4 对常开触头；辅助触头用于控制电路，起电气联锁或控制作用，通常有两对常开、两对常闭触头。

3）灭弧装置：容量在 10A 以上的接触器都有灭弧装置。对于小容量的接触器，常采用双断口桥形触头，以利于灭弧；对于大容量的接触器，常采用纵缝灭弧罩及栅片灭弧结构。

4）其他部件：包括反作用弹簧、缓冲弹簧、触头压力弹簧、传动机构及外壳等。

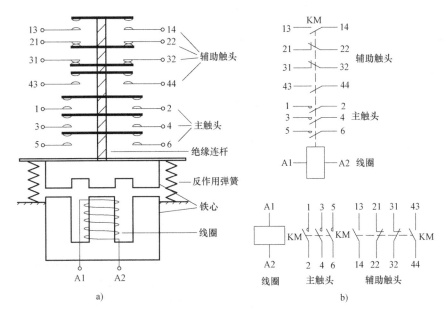

图 1-4　交流接触器的结构示意图及图形符号

a）接触器示意图　b）接触器图形符号

接触器上标有端子标号，线圈为 A1、A2，主触头 1、3、5 接电源，2、4、6 接负荷。辅助触头用两位数表示，前一位为辅助触头顺序号，后一位的 3、4 表示常开触头，1、2 表示常闭触头。当线圈接通额定电压时，会产生电磁力，从而克服弹簧力，吸引动铁心向下运动。同时动铁心带动绝缘连杆和触头向下运动，常闭触头先断开，常开触头再闭合。当线圈失电或电压低于额定电压时，电磁力小于弹簧力，触头恢复原始状态。

（2）交流接触器的主要技术参数和类型

1）额定电压：接触器的额定电压是指主触头的额定电压。交流额定电压有 220V、380V 和 660V。

2）额定电流：接触器的额定电流是指在一定的条件下（额定电压、使用类别和操作频率等）主触头的额定工作电流。目前常用的电流等级为 10A～800A。

3）线圈工作的额定电压：交流有 36V、127V、220V 和 380V。

4）额定操作频率：接触器是频繁操作电器，应有较高的机械和电气寿命。接触器的额定操作频率是指每小时允许的操作次数，一般为 300 次/h、600 次/h 和 1200 次/h。

5）动作值：动作值是指接触器的吸合电压和释放电压。规定接触器的吸合电压大于线圈额定电压的 85% 时应可靠吸合，释放电压不高于线圈额定电压的 70%。

常用的交流接触器有 CJ12、CJ10X、CJ20、CJX1、CJX2、3TB 和 3TD 等系列，如图 1-5 所示。

6. 热继电器

继电器用于将某种电量（如电压、电流）或非电量（如温度、压力、转速、时间等）的变化量转换为开关量，以实现对电路的自动控制功能。继电器的种类很多，按输入量可分为电压继电器、电流继电器、时间继电器、速度继电器、压力继电器等；按用途可分为控制继电器、保护继电器等。

图1-5　常用交流接触器

　　热继电器主要用于电动机的过载保护，是一种利用电流热效应原理工作的电器，主要与接触器配合使用，用于三相异步电动机的过载和断相保护。

　　三相异步电动机在运行中，常因电气或机械原因引起过电流、过载或断相现象。如过电流不严重，持续时间短，绕组不超过允许温升，这种过电流情况是允许的；如过电流情况严重，持续时间较长，会加快电动机绝缘老化，甚至烧毁电动机。因此，电动机应设置过载保护装置。常用过载保护装置种类很多，但使用最普遍的是双金属片式热继电器。目前，双金属片式热继电器均为三相式，有带断相保护和不带断相保护两种。如图1-6a所示，热继电器主要由双金属片、热元件、复位按钮、传动杆、调节旋钮、复位螺钉和触头等组成，热继电器图形符号如图1-6b所示。

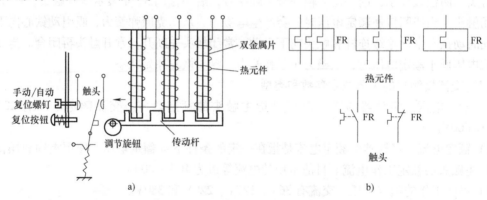

图1-6　热继电器结构示意图及图形符号

a）热继电器结构示意图　b）热继电器图形符号

　　双金属片是指使用机械方法令两种热膨胀系数不同的金属紧密贴合，形成一体的金属片。热膨胀系数不同的金属紧密地贴合在一起，当电流产生热效应时，双金属片向膨胀系数小的一侧弯曲，由弯曲产生的位移带动触头动作。

　　热元件串接在保护电动机的主电路中，通过热元件的电流就是电动机的工作电流。当电动机正常运行时，其工作电流通过热元件产生的热量不足以使双金属片变形，热继电器不会动作。当电动机发生过电流且超过整定值时，热元件产生的热量增大而使双金属片发生弯曲，经过一定时间后，使触头动作，通过控制线路切断电动机的工作电源。同时，热元件也因失电而逐渐降温，经过一段时间的冷却，双金属片恢复到原来状态。

热继电器动作电流的调节是通过旋转调节旋钮来实现的。旋转调节旋钮可以改变传动杆和动触头之间的传动距离,距离越长动作电流就越大,反之距离越短动作电流越小。复位方式有自动复位和手动复位两种,将复位螺钉旋入,使常开静触头向动触头靠近,双金属片冷却后动触头自动返回,为自动复位方式;如将复位螺钉旋出,触头不能自动复位,为手动复位方式。手动复位方式下,需在双金属片恢复原状时按下复位按钮才能使触头复位。

热继电器的保护对象是电动机,故选用时应了解电动机的技术性能、起动情况、负载性质以及电动机允许过载能力等。

1)长期稳定工作的电动机,可按电动机的额定电流选用热继电器。选取热继电器整定电流应在电动机额定电流的 0.95~1.05 倍。

2)电动机的起动电流一般为额定电流的 4~7 倍。对于不频繁起动、连续运行的电动机,在起动时间不超过 6s 的情况下,可按电动机的额定电流选用热继电器。

常用热继电器实物图如图 1-7 所示。

图 1-7 常用热继电器实物图

二、识读电路图

电动机单向运转自动控制电气原理图如图 1-8 所示。

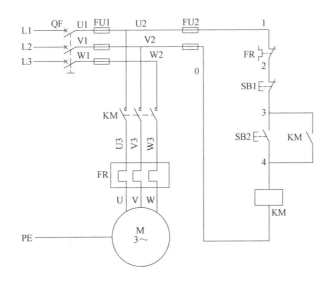

图 1-8 电动机单向运转自动控制电气原理图

引导问题：

1. 什么是电气原理图？在电气原理图中，电源、主电路、控制电路、指示电路和照明电路一般怎么布局？

---

2. 电气原理图中，怎样判别同一电器的不同元件？

---

3. 电气原理图一般由哪几部分组成？

---

4. 电气原理图中，如何区分有直接联系的交叉导线连接点和无直接联系的交叉导线连接点？

小提示

电气原理图是根据生产机械的运动形式对电气控制系统的要求，采用国家统一规定的电气图形符号和文字符号，按照电气设备和电器元件的工作顺序排列，全面表示控制装置、电路的基本构成和连接关系，而不考虑实际位置的一种图样。它能全面表达电气设备的用途、工作原理，是电气设备线路安装、调试及维修的依据。

电气原理图中，不画电器元件实际外形图，而采用国家统一规定的电气符号表示。电气符号包括图形符号和文字符号。电器元件的图形符号是用来表示电气设备、电器元件的图形标记，电器元件的文字符号在相对应的图形符号旁标注文字，用来区分不同的电气设备、电器元件或区分多个同类电气设备、电器元件。

电气控制原理图（又称电路图），一般分为电源电路、主电路、辅助电路三部分。

电源电路：水平画出，三相交流电源相序 L1、L2、L3 自上而下画出，中线 N 和保护线 PE 依次画在相线之下，直流电源自上而下画"＋""－"。电源开关水平画出。

主电路：电气控制线路中大电流通过的部分，是电源向负载提供电能的电路，它主要由熔断器、接触器的主触头、热继电器的热元件以及电动机等组成。

辅助电路：一般包括控制主电路工作状态的控制电路，显示主电路工作状态的指示电路、提供机床设备局部照明的照明电路等。一般由主令电器的触头、接触器的线圈和辅助触头、继电器的线圈和触头、指示灯及照明灯等组成。通常，辅助电路通过的电流较小，一般不超过5A。

绘制、识读电气原理图应遵循的规则：

1）电路图中主电路画在图的左侧，其连接线路用粗实线绘制；控制电路画在图的右侧，其连接线路用细实线绘制。

2）所使用的各电器元件必须按照国家规定的统一标准的图形符号和文字符号进行绘制和标注。

3）各电器元件的导电部件如线圈和触头的位置，应根据便于阅读和分析的原则来安排，画在它们完成作用的地方。例如，接触器、继电器的线圈和触头可以不画在一起。

4）所有电器元件的触头符号都应按照没有通电时或没有外力作用下的原始状态绘制。

5）电气原理图中，有直接联系的交叉导线连接点要用黑圆点表示；无直接联系的交叉导线连接点不画黑圆点。

6）图面应标注出各功能区域和检索区域。

7）根据需要可在电路图中各接触器或继电器线圈的下方，绘制出对应的触头所在位置的位置符号图。

三、绘制电器布置图和电气接线图

1. 绘制电器布置图

2. 绘制电气接线图

 小提示

电气图纸的类型：
常用的电气图纸有电气原理图、电器布置（安装）图与电气接线图等。

1. 电气原理图

电气原理图标记原则：

1）接线端子采用字母、数字、符号及其组合标记。

2）三相交流电源采用 L1、L2、L3 标记，中性线采用 N 标记。

3）电源开关之后的三相交流电源主电路分别按 U、V、W 顺序标记。

4）分级三相交流电源主电路采用三相文字代号 U、V、W 前加上阿拉伯数字 1、2、3 等来标记。如：1U、1V、1W 及 2U、2V、2W 等。

5）控制电路采用阿拉伯数字编号，一般由三位或三位以下的数字组成。

6）标记方法依据"等电位"原则进行。

7）在垂直绘制的电路中，标号顺序一般由上至下编号；凡是被线圈、绕组、触头或电阻、电容元件所间隔的线段，都应标以不同的阿拉伯数字作为电路的区分标记。

2. 电器布置图（电器元件位置图、电器元件安装图）

电器布置图主要是用来表明系统中所有电器元件的实际位置，为生产机械电气控制设备的制造、安装提供必要的资料。一般的情况下，电器布置图是与电器安装接线图组合在一起使用的，既起到电器安装接线图的作用，又能清晰表示出所使用的电器的实际安装位置。电动机单向运转自动控制电器元件布置图如图 1-9 所示。

电器布置图绘制规则：

1）体积大和较重的电器元件应安装在电器板的下面，而发热元件应安装在电器板的上面。

2）强电弱电分开并注意屏蔽，防止外界干扰。

3）电器元件的布置应考虑整齐、美观、对称。外形尺寸与结构类似的电器元件安放在一起，以利加工、安装和配线。

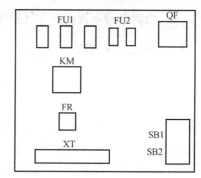

图 1-9　电动机单向运转自动
控制线路电器元件布置图

4）需要经常维护、检修、调整的电器元件安装位置不宜过高或过低。

5）电器元件布置不宜过密，若采用板前走线槽配线方式，应适当加大各排电器元件间距，以利布线和维护。

3. 电气接线图

电气接线图是指用规定的图形符号，按各电器元件相对位置绘制的实际接线图。所表示的是各电器元件的相对位置和它们之间的电路连接状况。在绘制时，不但要画出控制柜内部各电器元件之间的连接方式，还要画出外部相关电器元件的连接方式。

电气接线图中的回路标号是电气设备之间、电器元件之间、导线与导线之间的连接标记，其文字符号和数字符号应与原理图中的标号一致。

电气接线图绘制规则：

1）各电器元件用规定的图形符号绘制，同一电器元件的各部件必须画在一起。各电器元件在图中的位置应与实际的安装位置一致。

2）不在同一控制柜或配电屏上的电器元件的电气连接必须通过端子排进行。各电器元件的文字符号及端子排的编号应与原理图一致，并按原理图的连线进行连接。

3）走向相同的多根导线可用单线表示。

四、制订工作计划

"三相异步电动机单向运转自动控制线路的装调"
学习任务工作计划

1. 人员分工

1）小组负责人：＿＿＿＿＿＿

2）小组成员及分工

姓名	分工

2. 工具及材料清单

序号	工具或材料名称	单位	数量	备注

3. 工序及工期安排

序号	工作内容	完成时间	备注

4. 安全防护措施

注：根据任务书。需要先拆除旧有线路，再接新的线路。

学习活动3 现场施工

学习目标

1. 正确安装三相异步电动机单向运转自动控制线路。
2. 能正确使用万用表对控制线路进行检测，完成通电试车。

学习过程

本活动的基本施工步骤如下：

元器件定位→安装元器件→按规范接线→自检→通电试车（调试）→交付验收。

一、元器件的定位和安装

引导问题：

1. 列举一下，施工中将要安装的元器件有哪些？各有多少个？

_____

_____

2. 查阅相关资料，了解安装这些元器件的工艺要求。

_____

_____

3. 简述三相异步电动机单向运转自动控制线路安装的一般步骤。

_____

_____

电气安装过程注意事项如下。

（1）元器件检查

1）对元器件进行清扫，检查接触器、继电器等元器件动作是否灵活，接线是否牢固、是否有漏接、错接情况。

2）检查各种控制与保护电器，如漏电保护开关、时间继电器、热继电器等的整定值是否符合线路要求，熔断器的熔体是否合适等。

3）检查行程开关、限位开关等使用是否正确，转动是否灵活及内部有无异物。检查保护接地系统是否规范，接地线应牢固并保证接触良好。

（2）安装接线

1）电器元件（含插座）应先紧固在金属电器安装板上或绝缘木板上，不得歪斜和松动。配电箱、工作台内的连接，必须采用铜芯绝缘导线。导线的颜色应为：相线 L1（A）、L2（B）、L3（C）相序的颜色依次为黄、绿、红色；N 线的颜色为淡蓝色；PE 线的颜色为绿黄双色。导线排列应整齐，导线分支接头不得采用螺栓压接，应焊接并做绝缘包扎，不得有外露带电部分。

2）配电箱、工作台内必须设 N 线和 PE 线，N 线必须与金属电器安装板绝缘，PE 线必须与金属电器安装板做电气连接。

3）配电箱、工作台的金属体、金属电器安装板以及电器正常不带电的金属底座、外壳等必须通过 PE 线端子板与 PE 线做电气连接，金属箱门与金属箱体均必须采用软铜线做电气连接。

4）配电箱、工作台的导线进出口应设在箱体或工作台的底面，进出线孔必须用橡胶护线环加以绝缘保护。

安装工艺要求如下。

1）接触器安装应垂直于安装面，安装孔处螺钉应加弹簧垫圈和平垫圈。安装倾斜度不能超过 5°，否则会影响接触器的动作。接触器散热孔垂直向上，四周留有适当空间。安装和接线时，注意不要将螺钉、螺母或线头等杂物落入接触器内部，以防人为造成接触器不能正常工作或烧毁。

2）根据电器布置图在控制板上安装电器元件，断路器、熔断器的受电端子应安装在控制板的外侧，并确保熔断器的受电端为底座的中心端。

3）各元件的安装位置应整齐、匀称，间距合理，便于元件的更换。

4）紧固各元件时，用力要均匀，紧固程度适当。在紧固熔断器、接触器等易碎元件时，应该用手按住元件一边轻轻摇动，一边用螺钉旋具轮换旋紧对角线上的螺钉，直到稳定，再适当旋紧即可。

二、根据接线图和布线工艺要求完成布线

引导问题：

1. 简述板前明线布线的工艺要求。

2. 导线与接线端子排是如何连接的？

3. 该工作任务完成后，应张贴哪些标签？

小提示

板前明线布线工艺要求：

板前明线布线时，应符合平直、整齐、紧贴敷设面、走线合理及接点不得松动等要求。其原则如下。

1）布线通道要尽量少，同路并行导线按主、控电路分类集中，单层密排，紧贴盘面布线。

2）同一平面的导线应高低一致或前后一致，不能交叉。非交叉不可时，该根导线应在接线端子引出时就水平架空跨越，且必须走线合理。

3）布线应横平竖直，分布均匀。变换走向时应垂直转向。

4）布线时严禁损伤线芯和导线绝缘。

5）布线顺序一般以接触器为中心，由里向外，由低至高，先控制电路后主电路的顺序进行，以不妨碍后续布线为原则。

6）在每根剥去绝缘层导线的两端套上编码套管。所有从一个接线端子（或接线桩）到另一个接线端子（或接线桩）的导线必须连续，中间无接头。

7）导线与接线端子或接线桩连接时，不得压绝缘层、不反圈及不露铜过长。同一元件、同一回路的不同接点导线间距离应保持一致。

8）一个电器元件接线端子上的连接导线不得多于两根，每节接线端子板上的连接导线一般只允许连接一根。

板前明线布线的实例如图 1-10 所示。

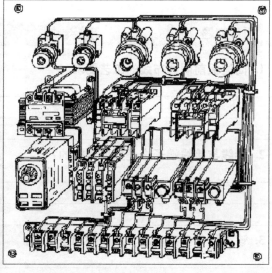

图 1-10　板前明线布线的实例

三、自检

 引导问题：

1. 检查导线接点是否符合要求，压接是否牢固。同时注意接点接触应良好，以避免带负载运转时产生闪弧现象。将存在的问题记录下来。

_____

_____

2. 按下起动按钮 SB 时，读数应为接触器线圈的直流电阻值。然后断开控制电路，再检查主电路有无开路或短路现象，此时，可手动来代替接触器通电进行检查。将检查结果记录下来，并判断线路是否连接正常。

_____

_____

3. 用绝缘电阻表检查线路的绝缘电阻，其阻值应不得小于 1MΩ，将测量结果记录下来。

_____

_____

_____

💡 小提示

　　按电路图或接线图从电源端开始，逐段核对接线及接线端子处线号是否正确，有无漏接、错接。检查导线接点是否符合要求，压接是否牢固。同时注意接点接触应良好，以避免带负载运转时产生闪弧现象。

　　用万用表检查线路的通断情况。检查时，应选用倍率适当的电阻档，并进行校零，以防发生短路故障。

　　对控制电路的检查（断开主电路），可将表棒分别搭在 V21、W21 线端上，读数应为"∞"。按下 SB 时，读数应为接触器线圈的直流电阻值。然后断开控制电路，再检查主电路有无开路或短路现象，此时，可用手动来代替接触器通电进行检查。

　　用绝缘电阻表检查线路绝缘电阻的阻值不得小于 1MΩ。

四、通电试车

 引导问题：

1. 查阅相关资料，写出通电试车的一般步骤。

_____

_____

2. 通电试车的安全要求有哪些？检查现场满足安全要求后，按规定通电试车。

3. 通电试车过程中，若出现异常现象，应立即停车检修。表 1-3 所示为故障检修的一般步骤，按照步骤提示，在指导老师指导下进行检修操作，并记录操作过程和测试结果。

表 1-3　故障检修步骤

检　修　步　骤	过　程　记　录
观察记录故障现象	
分析故障原因,确定故障范围(通电操作,注意观察故障现象,根据故障现象分析故障原因,首先确定故障点是在主电路还是控制电路)	
依据电气线路的工作原理和观察到的故障现象,在电路图上进行分析,确定最小故障范围	
在故障检查范围中,采用逻辑分析及正确的测量方法,迅速查找故障并排除	
通电试车	

4. 试车过程中自己或其他同学还遇到了哪些问题？做好记录，并分析原因，记录处理方法填入表 1-4。

表 1-4　故障记录表

故　障　现　象	故　障　原　因	处　理　方　法

小提示

1. 通电试车工艺要求

1）为保证人身安全，在通电校验时，要认真执行安全操作规程的有关规定，一人监护，一人操作。校验前，应检查并通电核验有关的电气设备是否存在不安全的因素，若查出应立即整改，然后才能通电试车。

2）通电试车前，必须征得指导老师的同意，并由指导老师接通三相电源 L1、L2、L3，同时由指导老师在现场监护。学生闭合电源开关 QF，首先检查熔断器出线端是否有电压。然后按下起动按钮，观察接触器动作情况是否正常，是否符合控制线路功能要求，电器元件的动作是否灵活，有无卡阻及噪声过大等现象，电动机运行情况是否正常等。但不得带电检查控制线路的接线情况。观察过程中，若发现异常情况，应立即停车。

3）试车成功率以通电后第一次按下按钮时计算。

4）试车过程中如出现故障后，学生应独立进行检修。若需带电检查时，老师必须在现场监护。检修完毕后，如需要再次试车，老师也应该在现场监护，并做好时间记录。

5）通电校验完毕，切断电源。

2. 检修注意事项

1）检修前要先掌握电路图中各个控制环节的作用和原理，并熟悉电动机的接线方法。

2）在检修过程中严禁扩大和产生新的故障，否则，要立即停止检修。

3）带电检修故障时，必须有专人在现场监护，并要确保用电安全。

五、项目验收

1. 在验收阶段，各小组派出代表进行交叉验收，并填写详细验收记录见表1-5。

表1-5　验收过程问题记录表

验收问题记录	整 改 措 施	完 成 时 间	备　　注

2. 以小组为单位认真完善三相异步电动机单向运转自动控制线路工作任务联系单中内容。

学习活动 4　工作总结和评价

学 习 目 标

1. 能以小组形式，对学习过程和实训成果进行汇报总结。

2. 完成对学习过程的综合评价。

学 习 过 程

一、工作总结

以小组为单位，选择演示文稿、展板、海报、录像等形式中的一种或几种，向全班展示、汇报学习成果。

二、综合评价

评价表

评价项目	评价内容	评价标准	自我评价	小组评价	教师评价
			评价方式		
职业素养	安全意识、责任意识	A 作风严谨、自觉遵章守纪、出色完成工作任务 B 能够遵守规章制度、较好完成工作任务 C 有忽视规章制度的行为，勉强完成工作任务 D 不遵守规章制度、没完成工作任务			
	学习态度主动	A 积极参与教学活动，全勤 B 缺勤达本任务总学时的 10% C 缺勤达本任务总学时的 20% D 缺勤达本任务总学时的 30%			
	团队合作意识	A 与同学协作融洽、团队合作意识强 B 与同学能沟通、协同工作能力较强 C 与同学能沟通、协同工作能力一般 D 与同学沟通困难、协同工作能力较差			
专业能力	学习活动1　明确工作任务	A 按时、完整地工作页，问题回答正确，图样绘制准确 B 按时、完整地工作页，问题回答基本正确，图样绘制基本准确 C 未能按时完成工作页，或内容遗漏、错误较多 D 未完成工作页			
	学习活动2　施工前的准备	A 学习活动评价成绩为 90~100 分 B 学习活动评价成绩为 75~89 分 C 学习活动评价成绩为 60~75 分 D 学习活动评价成绩为 0~60 分			
	学习活动3　现场施工	A 学习活动评价成绩为 90~100 分 B 学习活动评价成绩为 75~89 分 C 学习活动评价成绩为 60~75 分 D 学习活动评价成绩为 0~60 分			
创新能力		学习过程中提出具有创新性、可行性的建议	加分奖励：		
班级		学号			
姓名		综合评价等级			
指导教师		日期			

学习任务 2　三相异步电动机连续与点动混合正转控制线路的装调

工作任务描述

学校仓库检测电动机试车以及检测调整刀具与工件相对位置的实训台年久失修，电气部分严重老化，无法正常工作，需要重新装配十台数控机床。要求在规定期限完成安装、调试，并交有关人员验收。通过完成此任务，可以掌握连续与点动混合正转控制线路的控制原理和安装调试流程。

工作流程与活动

1. 明确工作任务。
2. 施工前的准备。
3. 现场施工。

4. 工作总结与评价。

学习活动1　明确工作任务

学习目标

1. 能阅读"实训台电气线路的装配"工作任务联系单。
2. 能明确工时、工艺要求。
3. 能明确个人任务要求。
4. 了解连续与点动混合正转控制线路。

学习过程

一、阅读工作任务联系单

阅读工作任务联系单，见表2-1。根据实际情况补充完整，并回答问题。

表2-1　工作任务联系单

任务名称	电动机试车以及检测调整刀具与工件相对位置的工作台安装	委托方	机电工程系数控车床工作站
任务技术描述	工作台需要安装连续与点动混合正转控制线路 共需十台	施工时间	2015 年 9 月 21 日—25 日
		施工地址	机电工程系数控车床工作站
申报单位电话	89895555	安装单位电话	89894444
技术协议	教师验收		

 引导问题：

从工作任务联系单中，可以获知的工作时间。

_____

_____

_____

二、连续与点动混合正转控制线路

机床设备在正常工作时，一般需要电动机处在连续运转状态。但在试车或调整刀具与工件的相对位置时，又需要电动机能点动控制，能够实现这种控制要求的线路是连续与点动混合正转控制线路。

1. 点动控制线路的优点和缺点是什么？

_____

_____

_____

2. 连续运转控制线路采用的是什么控制？优点和缺点是什么？

_____

_____

_____

　　点动和长动控制电路优缺点：

　　点动线路的优点是电器元件少，线路简单。缺点是劳动强度大，安全性差，不便于远距离控制。

　　长动控制主要是采用自锁控制，自锁控制的优点是操作方便，节省时间，但功能较单一。

学习活动 2　施工前的准备

学 习 目 标

1. 认识本任务所用低压电器，能描述它们的结构、工作原理、用途、型号及应用场合。
2. 能准确识读电器元件符号。
3. 能对电器元件进行检测。
4. 能识读电气原理图，了解电路的工作原理。
5. 能正确绘制电器布置图和接线图。

学 习 过 程

一、认识元器件

引导问题：

1. 如何实现电动机的连续与点动混合正转控制？

_____

_____

_____

2. 转换开关的文字符号和作用是什么？

_____

_____

_____

3. 该电路中用到了哪些元器件？记录其信息，并记录到表2-2。

表 2-2　元器件明细

序号	名　　称	型号与规格	单位	数量	备注

🔘 小提示

1. 万能转换开关

万能转换开关（文字符号 SA）的作用是用于不频繁接通与断开的电路，实现换接电源和负载，是一种多档式、控制多回路的主令电器。

万能转换开关由转轴、凸轮、触头座、定位机构、螺杆和手柄等组成，如图 2-1 所示。当将手柄转动到不同的档位时，转轴带着凸轮随之转动，使一些触头接通，另一些触头断开。它具有寿命长，使用可靠、结构简单等优点，适用于交流 50Hz、380V，直流 220V 及以下的电源引入，5kW 以下小容量电动机的直接起动，电动机的正、反转控制及照明控制的电路中，但每小时的转换次数不宜超过 20 次。

2. 万能转换开关符号表示

图 2-2 显示了开关的档位、触头数目及接通状态。在其图形符号中具体画法是：用虚线表示操作手柄的位置，用有无"·"表示触头的闭合和分断状态。比如，在触头图形符号下方的虚线位置上画"·"，表示当操作手柄处于该位置时，该触头处于闭合状态；若在虚线位置上未画"·"时，则表示该触头处于分断状态。在图 2-2b 所示的触头接线表中，用"×"表示闭合状态，空白表示触头断开状态。

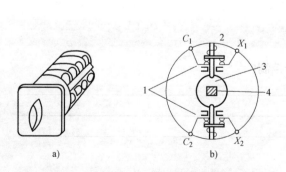

图 2-1　万能转换开关外形图与结构原理图
a）外形图　b）结构原理图
1—触头　2—触头弹簧　3—凸轮　4—转轴

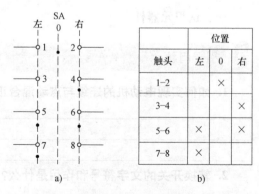

图 2-2　万能转换开关符号与触头接线表
a）符号　b）触头接线表

3. 实现电动机连续与点动混合正转控制的方法

如图 2-3 所示的控制电路是在具有过载保护的接触器自锁正转控制线路的基础上，将手动开关 SA 串接在自锁电路中。手动开关 SA 闭合或分断，可实现电动机的连续或点动控制。

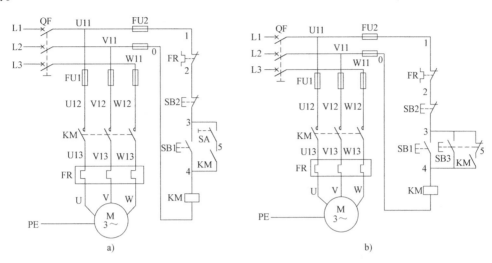

图 2-3　连续与点动混合正转控制线路

如图 2-3b 所示的控制线路是在起动按钮 SB1 的两端并接一个复合按钮 SB3，且 SB3 的常闭触头与 KM 自锁触头串接，实现连续与点动混合正转控制。

二、识读电路图

连续与点动混合正转控制线路如图 2-4 所示。

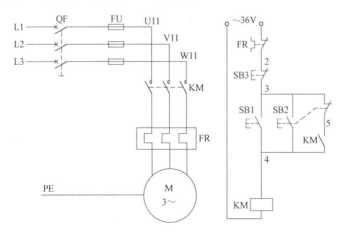

图 2-4　连续与点动混合正转控制线路

引导问题：

1. 电路中 SB1、SB2、SB3 分别起到了什么作用？

2. 如何进行连续运行的控制？如何进行点动运行的控制？

3. 该控制线路中，有哪些保护？分别起到什么作用？

⚫ 小提示

电路的工作原理如下：先合上电源开关 QF。

1. 连续控制

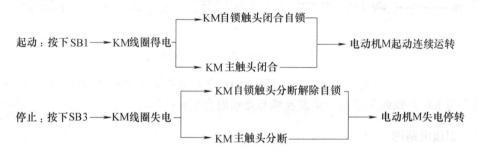

起动：按下SB1 → KM线圈得电 → KM自锁触头闭合自锁 / KM主触头闭合 → 电动机M起动连续运转

停止：按下SB3 → KM线圈失电 → KM自锁触头分断解除自锁 / KM主触头分断 → 电动机M失电停转

2. 点动控制

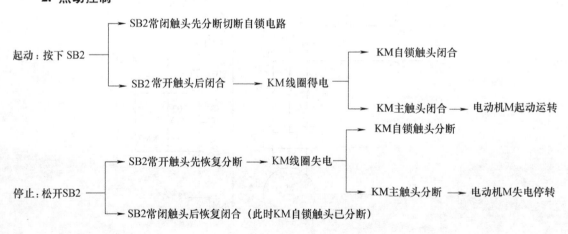

起动：按下SB2 → SB2常闭触头先分断切断自锁电路 / SB2常开触头后闭合 → KM线圈得电 → KM自锁触头闭合 / KM主触头闭合 → 电动机M起动运转

停止：松开SB2 → SB2常开触头先恢复分断 → KM线圈失电 → KM自锁触头分断 / KM主触头分断 → 电动机M失电停转 / SB2常闭触头后恢复闭合（此时KM自锁触头已分断）

三、拓展练习

　　例2-1　有人为某生产机械设计出既能点动又能连续运行，并具有短路和过载保护的电气控制线路，如图2-5所示。试分析说明该线路能否正常工作。

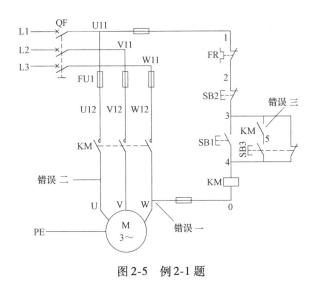

图 2-5　例 2-1 题

 引导问题：

该电路不能正常工作，电路可能有三处错误，请分别阐述错误的原因。

1. 错误一：

2. 错误二：

3. 错误三：

💡 小提示

1）控制电路的电源线有一端接在接触器 KM 主触头的下方，这样即使按下起动按钮 SB1，由于主触头断开，控制电路也不会得电。所以应把控制电路的电源线改接到 KM 主触头的上方。

2）控制电路中虽然串接热继电器 FR 的常闭触头，但其热元件并未串接在主电路中，所以热继电器 FR 起不到过载保护的作用。因此应把 FR 的热元件串接到主电路中。

3）接触器 KM 的自锁触头与复合按钮 SB3 的常开触头串接，而 SB3 的常闭触头与起动按钮 SB1 并接，不但起不到自锁作用，还会造成电动机自行起动，达不到控制要求。所以应把 KM 自锁触头与 SB3 的常闭触头串接。

四、绘制电器布置图和电气接线图

1. 绘制电器布置图

2. 绘制电气接线图

 小提示

连续与点动混合正转控制线路如图 2-6 所示。

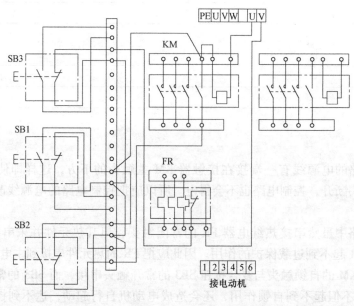

图 2-6   连续与点动混合正转控制线路接线图

五、制订工作计划

"三相异步电动机连续与点动混合正转控制线路的装调"
学习任务工作计划

1. 人员分工

1) 小组负责人：＿＿＿＿＿＿＿

2) 小组成员及分工

姓名	分工

2. 工具及材料清单

序号	工具或材料名称	单位	数量	备注

3. 工序及工期安排

序号	工作内容	完成时间	备注

4. 安全防护措施

注：根据任务书。需要先拆除旧有线路，再接新的线路。

学习活动 3　现 场 施 工

学 习 目 标

1. 能按图样、工艺要求、安全规范和设备要求，安装元器件。
2. 正确安装连续与点动混合正转控制线路。
3. 能正确使用万用表进行线路检测，完成通电试车。
4. 施工完毕能清理现场，填写工作记录并交付验收。

学 习 过 程

本活动的基本施工步骤如下：

元器件定位→安装元器件→按规范接线→自检→通电试车（调试)→交付验收。

本工作任务中基本不涉及新元件，安装工艺、步骤、方法及要求与学习任务一基本相同。对照前面任务中电气设备控制线路的安装步骤和工艺要求，完成安装任务。

一、元器件的定位和安装

引导问题：

1. 施工前应该做哪些工作?

2. 施工的步骤怎样安排?

3. 布线的原则是什么?

4. 作为施工人员，自身应做好哪些防护准备?

二、根据接线图和布线工艺要求完成布线

安装过程中遇到了哪些问题? 你是如何解决的? 记录在表2-3。

表 2-3   问题记录表

所遇问题	解决方法

三、自检

 引导问题：

1. 如何用万用表进行自检？

2. 写出自检过程。

3. 填写表 2-4。

表 2-4   自检记录表

序号	测 试 内 容	自检情况记录	互检情况记录
1	分别测试主电路中的 U、V、W		
2	测试控制电路中两相之间的电阻值 按下 SB1		
3	测试控制电路中两相之间的电阻值 按下 SB1，同时按下 SB3		
4	测试控制电路中两相之间的电阻值 按下 SB2		

四、通电试车

引导问题：

断电检查无误后，经指导老师同意，通电试车，观察电动机的运行状态，测量相关技术参数，若存在故障，及时处理。电动机运行正常无误，交付验收人员检查。通电试车过程中，若出现异常现象，应立即停车，按照前面任务中所学的方法步骤进行检修。小组间相互交流一下，将各自遇到的故障现象、故障原因和处理方法记录下来，填写表2-5。

表2-5　故障记录表

故障现象	故障原因	处理方法

五、项目验收

1. 在验收阶段，各小组派出代表进行交叉验收，并填写验收过程问题记录表2-6。

表2-6　验收过程问题记录表

验收问题记录	整 改 措 施	完 成 时 间	备　　注

2. 以小组为单位认真完善连续与点动混合正转控制线路工作任务联系单中的内容。

学习活动4　工作总结和评价

学 习 目 标

1. 能以小组形式，对学习过程和实训成果进行汇报总结。
2. 完成对学习过程的综合评价。

学 习 过 程

一、工作总结

以小组为单位，选择演示文稿、展板、海报、录像等形式中的一种或几种，向全班展示、汇报学习成果。

二、综合评价

评价表

评价项目	评价内容	评价标准	评价方式		
			自我评价	小组评价	教师评价
职业素养	安全意识、责任意识	A　作风严谨、自觉遵章守纪、出色完成工作任务 B　能够遵守规章制度、较好完成工作任务 C　有忽视规章制度的行为,勉强完成工作任务 D　不遵守规章制度、没完成工作任务			
	学习态度主动	A　积极参与教学活动,全勤 B　缺勤达本任务总学时的 10% C　缺勤达本任务总学时的 20% D　缺勤达本任务总学时的 30%			
	团队合作意识	A　与同学协作融洽、团队合作意识强 B　与同学能沟通、协同工作能力较强 C　与同学能沟通、协同工作能力一般 D　与同学沟通困难、协同工作能力较差			
专业能力	学习活动 1　明确工作任务	A　按时、完整地工作页,问题回答正确,图样绘制准确 B　按时、完整地工作页,问题回答基本正确,图样绘制基本准确 C　未能按时完成工作页,或内容遗漏、错误较多 D　未完成工作页			
	学习活动 2　施工前的准备	A　学习活动评价成绩为 90~100 分 B　学习活动评价成绩为 75~89 分 C　学习活动评价成绩为 60~75 分 D　学习活动评价成绩为 0~60 分			
	学习活动 3　现场施工	A　学习活动评价成绩为 90~100 分 B　学习活动评价成绩为 75~89 分 C　学习活动评价成绩为 60~75 分 D　学习活动评价成绩为 0~60 分			
创新能力		学习过程中提出具有创新性、可行性的建议	加分奖励:		
班级			学号		
姓名			综合评价等级		
指导教师			日期		

学习任务 3　三相异步电动机双重联锁正反转控制线路的装调

学习目标

1. 能通过阅读工作任务联系单和现场勘察，明确工作任务要求。

2. 能根据双重联锁正反转控制线路的电路图，选用安装和检修所用的工具、仪表及器材。

3. 能正确识读电气原理图、绘制电器布置图、电气接线图，明确控制器件的动作过程和控制原理。

4. 能按图样、工艺要求、安全规范和设备要求，安装元器件，按图接线，实现双重连锁正反转控制线路的正确连接。

5. 能正确使用仪表进行测试检查，验证电路安装的正确性，能按照安全操作规程正确通电试车。

6. 能正确标注有关控制功能的铭牌标签。

7. 能按照管理规定在施工后清理施工现场。

工作任务描述

学校电气实训工作站，有 10 台供学生练习使用的三相异步电动机双重连锁正反转控制线路实训台，由于使用时间过于长久，电气控制部分严重老化无法正常工作，在学生使用过程中经常发生电气故障，必须对这些实训台的电气控制系统进行重新装调。通过完成此任务，可以掌握三相异步电动机双重联锁正反转控制线路的控制原理和安装调试流程。

工作流程与活动

1. 明确工作任务。

2. 施工前的准备。

3. 现场施工。

4. 工作总结与评价。

学习活动 1 明确工作任务

学习目标

1. 能阅读"实训台电气线路的装调"工作任务联系单。

2. 能明确工时、工艺要求。

3. 能明确个人任务要求。

4. 了解如何使电动机改变转向。

学习过程

一、阅读工作任务联系单

阅读工作任务联系单,见表 3-1。根据实际情况补充完整,并回答问题。

表 3-1 工作任务联系单

流水号:　　　　201503

类别:水□　电□　暖□　土建□　其他□ 　　　　　　　　　　　　　日期:2015 年 9 月 14 日

安装地点	学校仓库实训室		
安装项目	三相异步电动机双重联锁正反转控制线路实训台		
需求原因	实训室需求		
申报时间	2015 年 9 月 14 日	完工时间	2015 年 9 月 18 日
申报单位	学校实训室	安装单位	电气组
验收意见		安装单位电话	89896666
验收人		承办人	
申报人电话	89895555	承办人电话	
实训室负责人	崔洋	实训室负责人电话	89894444

引导问题:

举例说明需要电动机实现正反转控制的情况?

_____

_____

二、如何实现正反转控制线路

引导问题:

1. 使用倒顺开关改变转向的优点和缺点是什么?

_____

2. 接触器联锁正反转控制线路的优点和缺点是什么？

 小提示

1. 概述

正转控制线路只能使电动机朝一个方向旋转，带动生产机械的运动部件朝一个方向运动。要满足生产机械运动部件能向正、反两个方向运动，就要求电动机能实现正、反转控制。

当改变通入电动机定子绕组的三相电源相序，即把接入电动机三相电源进线中的任意两相对调接线时，电动机就可以反转。

2. 三相异步电动机的转动

三相异步电动机旋转起来的先决条件是具有旋转磁场，三相异步电动机的定子绕组就是用来产生旋转磁场的。但相电源的相间电压在相位上相差120°，三相异步电动机定子中的三个绕组在空间方位上也互差120°，这样，当在定子绕组中通入三相电源时，定子绕组就会产生一个旋转磁场。电流每变化一个周期，旋转磁场在空间旋转一周，即旋转磁场的旋转速度与电流的变化是同步的。旋转磁场的转速为：

$$n = 60f/P$$

式中　f——电源频率（Hz）；

　　　P——磁场的磁极对数；

　　　n——磁场转速（r/min）。

根据此式可得，电动机的转速与磁极数和使用电源的频率有关，控制交流电动机的转速有两种方法：改变磁极法；变频法。以往多用第一种方法，现在则利用变频技术实现对交流电动机的无级变速控制。

旋转磁场的旋转方向与绕组中电流的相序有关。如果将电动机的 U、V、W 端对应与三相交流低压电源的 A、B、C 相连接，电动机内部产生的磁场顺时针方向旋转，若把三根电源线中的任意两根对调，例如将 B 相电压通入 W 相绕组中，C 相电压通入 V 相绕组中，则相序变为：A、C、B，则电动机内部产生的磁场必然逆时针方向旋转。利用这一特性可很方便地改变三相电动机的旋转方向。定子绕组产生旋转磁场后，转子导条（鼠笼条）将切割旋转磁场的磁力线而产生感应电流，转子导条中的电流又与旋转磁场相互作用产生电磁力，电磁力产生的电磁转矩驱动转子沿旋转磁场方向以 $n1$ 的转速旋转起来。一般情况下，电动机的实际转速 $n1$ 低于旋转磁场的转速 n。因为假设 $n = n1$，则转子导条与旋转磁场就没有相对运动，就不会切割磁力线，也就不会产生电磁转矩，所以转子的转速 $n1$ 必然小于 n。因此称此种三相电动机为三相异步电动机。

3. 实现正反转常用的方法

（1）倒顺开关正反转控制线路

虽然这种控制方法所用电器较少，线路比较简单，但它是一种手动控制线路，在频繁换向时，操作人员劳动强度大，操作安全性差，所以这种线路一般用于控制额定电流 10A、功率在 3kW 及以下的小容量电动机。在实际生产中，常用的是用按钮、接触器来控制电动机的正反转。

（2）接触器联锁正反转控制线路

这种控制方法的优点是工作安全可靠，缺点是操作不便。因电动机从正转变为反转时，必须先按下停止按钮后，才能按反转起动按钮，否则由于接触器的联锁作用，不能实现反转。

学习活动 2　施工前的准备

学 习 目 标

1. 认识本任务所用低压电器，能描述它们的结构、工作原理、用途、型号及应用场合。
2. 能准确识读电器元件符号。
3. 能对电器元件进行检测。
4. 能识读电气原理图，了解电路的工作原理。
5. 能正确绘制电器布置图和接线图。

学 习 过 程

一、认识元器件

引导问题：

1. 什么是倒顺开关？

_____

_____

_____

2. 倒顺开关是如何分类的？

_____

_____

_____

3. 倒顺开关的工作原理。

_____

_____

_____

4. 倒顺开关的使用条件。

_____

_____

_____

小提示

1. 倒顺开关概述

倒顺开关也叫转换开关。它的作用是连通、断开电源或负载，可以使电动机正转或反转，主要是给三相小功率电动机做正反转用的电器元件，但不能作为自动化元件。

2. 倒顺开关原理

如图 3-1 所示，设进线 A、B、C 三相，出线也是 A、B、C，因 A、B、C 三相每相相隔 120°，连接成一个圆周，设圆周上的 A、B、C 是顺时针，连接到电动机后，电动机为顺时针旋转。开关内将 B 和 C 两相切换一下，A 不变，使开关的出线成了 A-C-B，则这个圆周上 A、B、C 排列为逆时针，连接到电动机后，电动机也为逆时针旋转。

3. 应用

倒顺开关目前主要应用在设备需正、反两方向旋转的场所，如：电动车、吊车、电梯、升降机等。倒顺开关有三个位置，中间一个是分开位置，两边位置分别控制电动机的正反转。

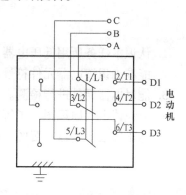

图 3-1 倒顺开关原理图

4. 分类

三相倒顺开关：对于三相电动机要实现电动机的正反转，就是通过调整输入电动机的三相交流电的相序就能实现电动机反转，因此，三相倒顺开关就是通过改变输出端两根相线的位置，达到变换相序从而控制电动机正反转的目的。

单相倒顺开关：单相电动机的正反转是通过控制转子线圈的电压来提前角控制电动机的正反转，一般电动机线圈中都串有一个电容，通过改变电容在电动机线圈的串联位置，达到控制电动机正反转的目的。

二、识读电路图

双重联锁正反转控制线路如图 3-2 所示。

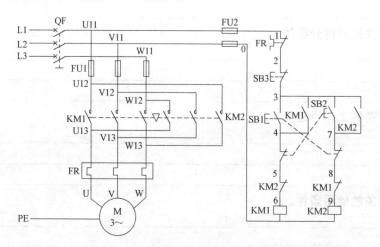

图 3-2 双重联锁正反转控制线路

引导问题：

1. 线路中虚线表示什么意思？

_____

_____

2. 线路中的双重联锁指的是哪些联锁？

_____

_____

3. 简述该线路的工作原理。

_____

_____

🌐 **小提示**

线路的工作原理如下：先合上电源开关 QF。

1. 正转控制

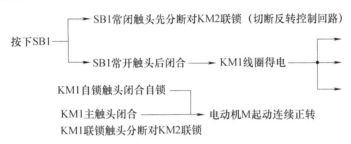

按下SB1
- SB1常闭触头先分断对KM2联锁（切断反转控制回路）
- SB1常开触头后闭合 → KM1线圈得电

KM1自锁触头闭合自锁
KM1主触头闭合 → 电动机M起动连续正转
KM1联锁触头分断对KM2联锁

2. 反转控制

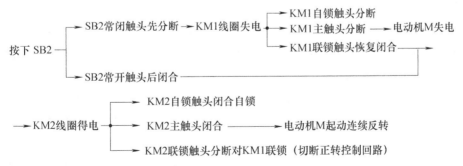

按下 SB2
- SB2常闭触头先分断 → KM1线圈失电
  - KM1自锁触头分断
  - KM1主触头分断 → 电动机M失电
  - KM1联锁触头恢复闭合
- SB2常开触头后闭合

→ KM2线圈得电
- KM2自锁触头闭合自锁
- KM2主触头闭合 → 电动机M起动连续反转
- KM2联锁触头分断对KM1联锁（切断正转控制回路）

若要停止，按下 SB3，整个控制电路失电，主触头分断，电动机 M 失电停转。

三、拓展练习

例 3-1　几种正反转控制电路如图 3-3 所示。试分析各电路能否正常工作？若不能正常工作，请找出原因，并改正。

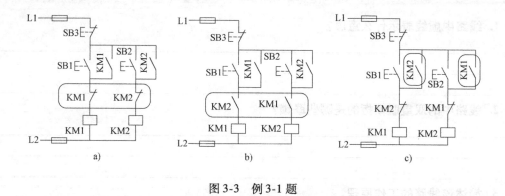

图3-3 例3-1题

引导问题：

1. 图 3-3a 中电路是否能正常工作？为什么？

_____

_____

_____

2. 图 3-3b 中电路是否能正常工作？为什么？

_____

_____

_____

3. 图 3-3c 中电路是否能正常工作？为什么？

_____

_____

_____

小提示

1）图 3-3a 所示电路不能正常工作，其原因是联锁触头不能用接触器自身的辅助常闭触头。这样不但起不到联锁作用，而且当按下起动按钮后，还会出现控制电路时通时断的现象。应把图中两对联锁触头换接。

2）图 3-3b 所示电路不能正常工作，其原因是联锁触头不能用辅助常开触头。这样即使按下起动按钮，接触器也不能得电动作。应把联锁触头换接成辅助常闭触头。

3）图 3-3c 所示电路只能实现点动正反转控制，不能连续工作。其原因是自锁触头用对方接触器的辅助常开触头起不到自锁作用。若要使线路能连续工作，应把图中两对自锁触头换接。

例3-2 试分析图 3-4 所示主电路或控制电路能否实现正反转控制？若不能，试说明其原因。

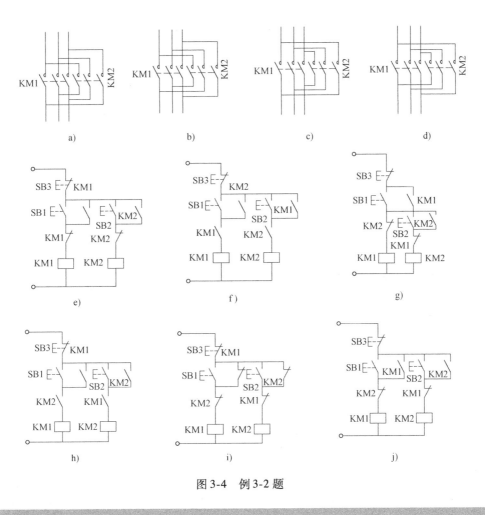

图 3-4 例 3-2 题

🤔 引导问题：

1. 图 3-4a、b、c、d 中电路是否能实现正反转控制？为什么？

_____

_____

2. 图 3-4e、f、g 中电路是否能实现正反转控制？为什么？

_____

_____

3. 图 3-4h、i、j 中电路是否能实现正反转控制？为什么？

_____

_____

例 3-3 试分析图 3-5 所示主电路或控制电路能否实现正反转控制？若不能，试分析其原因。

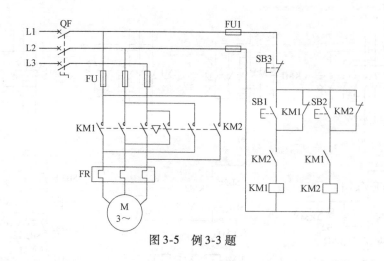

图 3-5　例 3-3 题

四、绘制电器布置图和接线图

1. 绘制电器布置图

2. 绘制电气接线图

 小提示

安装双重联锁正反转控制线路时，参照图 3-6 所示的接触器联锁正反转控制线路的安装线路板，在此基础上增加按钮的联锁，使之成为双重联锁正反转控制线路。安装时应注意的事项如下几点：

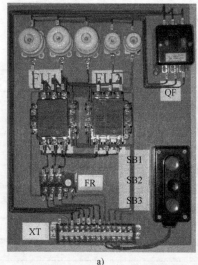

a)

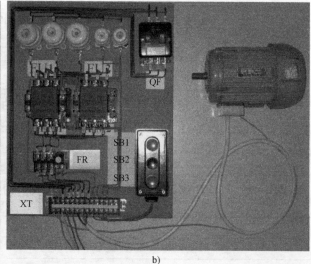

b)

图 3-6　接触器联锁正反转控制线路板

1）根据图 3-2 所示的电路图连接双重联锁正反转控制线路。

2）根据双重联锁正反转控制线路的电路图和接线图，将安装好的接触器联锁正反转控制线路板改装成接触器双重联锁正反转控制线路板。

五、制订工作计划

"三相异步电动机双重联锁正反转控制线路的装调"
学习任务工作计划

1. 人员分工
1）小组负责人：＿＿＿＿＿＿＿＿＿＿＿

2）小组成员及分工

姓名	分工

2. 工具及材料清

序号	工具或材料名称	单位	数量	备注

3. 工序及工期安排

序号	工作内容	完成时间	备注

4. 安全防护措施

注：根据任务书。需要先拆除旧有线路，再接新的线路。

学习活动3　现场施工

学习目标

1. 能按图样、工艺要求、安全规范和设备要求，安装元器件。
2. 正确安装双重联锁正反转控制线路。
3. 能正确使用万用表进行线路检测，完成通电试车。
4. 施工完毕能清理现场，能填写工作记录并交付验收。

学习过程

本活动的基本施工步骤如下：

元器件定位→安装元器件→按规范接线→自检→通电试车（调试）→交付验收。

本工作任务中基本不涉及新元件，安装工艺、步骤、方法及要求与学习任务一基本相同。对照前面任务中电气设备控制线路的安装步骤和工艺要求，完成安装任务。

一、根据接线图和布线工艺要求完成布线

安装过程中遇到了哪些问题？你是如何解决的？记录在表3-2中。

表 3-2　问题记录表

所遇问题	解决方法

二、自检

 引导问题：

1. 写出自检过程。

2. 根据自检过程填写表 3-3。

表 3-3　自检记录表

序号	测试内容	自检情况记录	互检情况记录
1	分别测试主电路中的 U、V、W 三相是否分别连通		
2	测试控制电路中两相之间的电阻值 按下正转起动按钮		
3	测试控制电路中两相之间的电阻值 按下反转起动按钮		
4	测试接触器自锁是否正常		
5	测试按钮自锁是否正常		

三、通电试车

引导问题：

　　断电检查无误后，经指导老师同意，通电试车，观察电动机的运行状态，测量相关技术参数，若存在故障，及时处理。电动机运行正常无误，交付验收人员检查。通电试车过程中，若出现异常现象，应立即停车，按照前面任务中所学的方法步骤进行检修。小组间相互交流一下，将各自遇到的故障现象、故障原因和处理方法记录下来，填写表 3-4。

表3-4 故障记录表

故障现象	故障原因	处理方法

四、项目验收

以小组为单位认真完善三相异步电动机双重联锁正反转控制线路工作任务联系单中内容。

学习活动4 工作总结和评价

学习目标

1. 能以小组形式,对学习过程和实训成果进行汇报总结。
2. 完成对学习过程的综合评价。

学习过程

一、工作总结

以小组为单位,选择演示文稿、展板、海报、录像等形式中的一种或几种,向全班展示、汇报学习成果。

二、综合评价

评价表

评价项目	评价内容	评价标准	评价方式		
			自我评价	小组评价	教师评价
职业素养	安全意识、责任意识	A 作风严谨、自觉遵章守纪、出色完成工作任务 B 能够遵守规章制度、较好完成工作任务 C 有忽视规章制度的行为,勉强完成工作任务 D 不遵守规章制度、没完成工作任务			

（续）

评价项目	评价内容	评价标准	评价方式		
			自我评价	小组评价	教师评价
职业素养	学习态度主动	A　积极参与教学活动,全勤 B　缺勤达本任务总学时的 10% C　缺勤达本任务总学时的 20% D　缺勤达本任务总学时的 30%			
	团队合作意识	A　与同学协作融洽、团队合作意识强 B　与同学能沟通、协同工作能力较强 C　与同学能沟通、协同工作能力一般 D　与同学沟通困难、协同工作能力较差			
专业能力	学习活动1明确工作任务	A　按时、完整地工作页,问题回答正确,图样绘制准确 B　按时、完整地工作页,问题回答基本正确,图样绘制基本准确 C　未能按时完成工作页,或内容遗漏、错误较多 D　未完成工作页			
	学习活动2施工前的准备	A　学习活动评价成绩为 90～100 分 B　学习活动评价成绩为 75～89 分 C　学习活动评价成绩为 60～75 分 D　学习活动评价成绩为 0～60 分			
	学习活动3现场施工	A　学习活动评价成绩为 90～100 分 B　学习活动评价成绩为 75～89 分 C　学习活动评价成绩为 60～75 分 D　学习活动评价成绩为 0～60 分			
	创新能力	学习过程中提出具有创新性、可行性的建议	加分奖励:		
	班级		学号		
	姓名		综合评价等级		
	指导教师		日期		

学习任务4 位置控制与自动往返控制线路的装调

学习目标

1. 能通过阅读工作任务联系单和现场勘察，明确工作任务要求。
2. 能根据位置控制与自动往返控制线路的电路图，选用安装和检修所用的工具、仪表及器材。
3. 能正确识读电气原理图、绘制安装图、接线图，明确控制器件的动作过程和控制原理。
4. 能按图样、工艺要求、安全规范和设备要求，安装元器件，按图接线，实现位置控制与自动往返控制线路的正确连接。
5. 能正确使用仪表进行测试检查，验证电路安装的正确性，能按照安全操作规程正确通电试车。
6. 能正确标注有关控制功能的铭牌标签。
7. 能按照管理规定在施工后清理施工现场。

工作任务描述

学校数控车床工作站的摇臂钻床、万能铣床、镗床、桥式起重机及各种自动或半自动控制机床设备经常遇到位置控制与自动往返的控制要求，因此需要装调10台位置控制实训台，以便设备检测时候使用。通过完成此任务，可以掌握位置控制与自动往返控制线路的控制原理和安装调试流程。

工作流程与活动

1. 明确工作任务。
2. 施工前的准备。
3. 现场施工。
4. 工作总结与评价。

学习活动 1   明确工作任务

学习目标

1. 能阅读"实训台电气线路的装调"工作任务联系单。
2. 能明确工时、工艺要求。
3. 能明确个人任务要求。
4. 了解位置控制和自动往返控制的概念。

学习过程

一、阅读工作任务联系单

阅读工作任务联系单，见表4-1，根据实际情况补充完整。

表 4-1   工作任务联系单

任务名称	位置控制工作台安装	委托方	机电工程系数控车床工作站
任务技术描述	工作台需要安装位置控制与自动往返控制线路 共需十台	施工时间	2015 年 9 月 21 日—25 日
		施工地址	机电工程系数控车床工作站
申报单位电话	89895555	安装单位电话	89894444
技术协议	教师验收		

二、位置控制和自动往返控制

引导问题：

1. 什么叫位置控制？

2. 常用电器中有很多的位置控制，请举例说明。

3. 什么是自动往返控制？请举例说明。

小提示

1. 位置控制

很多电器都会用到位置控制，例如电冰箱里的灯，开门就亮，关门就灭；再例如，洗衣机，打开盖子，滚筒就自动停止运转。

位置控制是利用机械力的传动，通过改变位置开关的通断来接通和断开电源。

2. 自动往返控制

在生产过程中，一些生产机械运动部件需要其在一定范围内自动循环运动等。

如图 4-1 所示是工厂车间里的行车常采用的往返运动示意图，行车运行路线两侧的终点处各安装一个行程开关 SQ1 和 SQ2，它们的常闭触头分别串接在正转控制电路和反转控制电路中。当安装在行车前后的挡铁 1 或挡铁 2 撞击行程开关的滚轮时，行程开关的常闭触头分断，切断控制电路，使行车自动停止。

这种利用生产机械运动部件上的挡铁与行程开关碰撞，使其触头动作，来接通或断开电路，以实现对生产机械运动部件的位置或行程的自动控制，称为位置控制，又称行程控制或限位控制，实现这种控制要求所依靠的主要电器是行程开关。

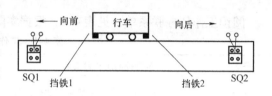

图 4-1　行车运动示意图

学习活动 2　施工前的准备

学 习 目 标

1. 认识本任务所用低压电器，能描述它们的结构、工作原理、用途、型号及应用场合。
2. 能准确识读电器元件符号。
3. 能对电器元件进行检测。
4. 能识读电气原理图，了解电路的工作原理。
5. 能正确绘制电器布置图和电气接线图。

学 习 过 程

一、认识元器件

引导问题：

1. 实现位置控制所依靠的主要器件是什么？其图形符号和文字符号分别是什么？

_____

_____

_____

2. 什么是行程开关？

_____

_____

3. 行程开关是如何分类的？

_____

_____

4. 行程开关的型号含义是什么？

_____

_____

5. 行程开关是由哪些部分组成的？

_____

_____

_____

6. 该电路当中用到了哪些元器件？将表 4-2 填写完整。

表 4-2   元器件明细

序号	名称	型号与规格	单位	数量	备注
1	控制板				
2	电源开关				
3	熔断器				
4	交流接触器				
5	热继电器				
6	行程开关				
7	按钮				
8	端子板				
9	三相笼型异步电动机				

 小提示

1. 行程开关概述

　　行程开关可以反应生产机械的行程，通过发出命令以控制其运动方向和行程大小。其作用原理与按钮相同，区别在于行程开关是利用生产机械运动部件的碰压而使其触头动作，从而将机械信号转换为电气信号，使生产机械按一定的位置或行程实现自动停止、反向运动或自动往返运动等。

　　在实际生产中，将行程开关安装在预定位置，当装于生产机械运动部件上的模块撞击行程开关时，行程开关的触点动作，实现电路的切换。因此，行程开关是一种根据运动部件的行程位置而切换电路的电器，它的作用原理与按钮类似。

　　行程开关广泛用于各类机床和起重机械，用以控制其行程、进行终端限位保护。在电梯的控制电路中，还利用行程开关来控制开关轿门的速度、自动开关门的限位，轿厢的上、下限位保护。

行程开关可以安装在相对静止的物体（如固定架、门框等，简称静物）上或者运动的物体（如行车、门等，简称动物）上。当运动的物体接近静物时，开关的连杆驱动开关的接点引起闭合的接点分断或者分断的接点闭合。由开关接点开、合状态的改变去控制电路和机构的动作。

2. 结构与工作原理

机床中常用的行程开关有 LX19 和 JLXK1 等系列，各系列行程开关的基本结构大体相同，都是由触头系统、操作机构和外壳组成。以某种行程开关元件为基本，装置不同的操作机构，可得到各种不同形式的行程开关，常见的有按钮式（直动式）和旋转式（滚轮式）。

JKXK1 系列行程开关的外形及结构示意图如图 4-2 所示。当运动部件的挡铁碰压行程开关的滚轮时，杠杆连同转轴一起转动，使凸轮推动撞块，当撞块被压到一定位置时，推动微动开关快速动作，使其常闭触头断开，常开触头闭合。

行程开关的触头动作方式有蠕动型和瞬动型两种。蠕动型的触头结构与按钮相似，这种行程开关的结构简单，价格低廉，但触头的分合速度取决于产生机械挡铁的移动速度。当挡铁的移动速度小于 0.007m/s 时，触头分合太慢，易产生电弧灼烧触头，从而减少触头的使用寿命，也影响动作的可靠性及行程控制的位置精度。为克服这些缺点，行程开关一般都采用具有快速换接动作机构的瞬动型触头。瞬动型行程开关的触头动作速度与挡铁的移动速度无关，性能显然优于蠕动型。行程开关图形符号如图 4-3 所示。

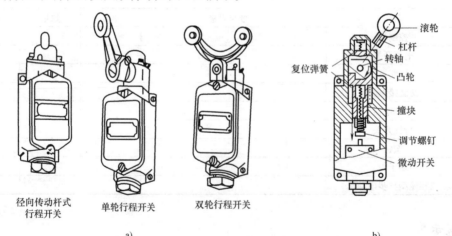

图 4-2 JKXK1 系列行程开关外形及结构示意图
a) 行程开关 b) 结构示意图

3. 行程开关的分类

（1）按结构分类

行程开关按其结构可分为直动式、滚轮式、微动式和组合式。

1）直动式行程开关。动作原理同按钮类似，所不同的是：一个是手动，另一个则由运动部件的撞块时碰撞。当外界运动部件上的撞块时碰压按钮使其触头动作；当运动部件离开后，在弹簧作用下，其触头自动复位。直动式行程开关动作原理与按钮开关相同，但其触头的分合速度取决于生产机械的运行速

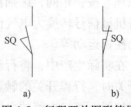

图 4-3 行程开关图形符号
a) 常开触头 b) 常闭触头

度，不宜用于速度低于 0.4m/min 的场所。

2）滚轮式行程开关。当运动机械的挡铁（撞块）压到行程开关的滚轮上时，传动杠杆连同转轴一同转动，使凸轮推动撞块，当撞块碰压到一定位置时，推动微动开关快速动作。当滚轮上的挡铁移开后，复位弹簧就使行程开关复位。这种是单轮自动恢复式行程开关，而双轮旋转式行程开关不能自动复原，它是依靠运动机械反向移动时，挡铁碰撞另一滚轮将其复原。其结构原理，当被控机械上的撞块撞击带有滚轮的撞杆时，撞杆转向右边，带动凸轮转动，顶下推杆，使微动开关中的触点迅速动作。当运动机械返回时，在复位弹簧的作用下，各部分动作部件复位。

（2）按用途分类

一般用途行程开关如 JW2、JW2A、LX19、LX31、LXW5、3SE3 等系列，主要用于机床及其他生产机械、自动生产线的限位和程序控制。起重设备用行程开关如 LX22、LX33 系列，主要用于限制起重设备及各种冶金辅助机械的行程控制。

安装与使用情况如下。

1）行程开关安装时，安装位置要准确，安装要牢固；滚轮的方向不能装反，挡铁与其碰撞的位置应符合控制线路的要求，并确保能可靠地与挡铁碰撞。

2）行程开关在使用中，要定期检查和保养，除去油垢及粉尘，清理触头，经常检查其动作是否灵活、可靠，及时排除故障，以防止因行程开关触头接触不良或接线松脱产生误动作而导致设备和人身安全事故。

二、识读电路图

小车自动往返运行控制线路如图 4-4 所示。

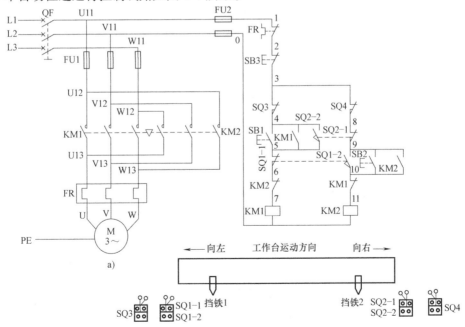

图 4-4   小车自动往返运行控制线路图

a）小车自动往返运行控制电气原理图   b）小车自动往返运行控制示意图

引导问题:

1. 电路中共用了几个行程开关,分别起到了什么作用?

_____

_____

2. 请简述此电路的工作原理。

_____

_____

小提示

为了使电动机的正反转控制与工作台的左右运动相配合,在控制线路中设置了四个行程开关 SQ1、SQ2、SQ3 和 SQ4,并把它们安装在工作台需限位的地方,如图 4-4b 所示其中 SQ1、SQ2 被用来自动换接电动机正反转控制电路,实现工作台的自动往返行程控制;SQ3 和 SQ4 被用来做终端保护,以防止 SQ1、SQ2 失灵,工作台越过限定位置而造成事故。在工作台边的 T 形槽中装有两块挡铁,挡铁 1 只能和 SQ1、SQ3 相碰撞,挡铁 2 只能和 SQ2、SQ4 相碰撞。当工作台运动到所限位置时,挡铁碰撞行程开关,使其触头动作,自动换接电动机正反转控制线路,通过机械传动机构使工作台自动往返运动。工作台行程可通过移动挡铁位置来调节,拉开两块挡铁间的距离,行程就短,反之则长。

电路的工作原理如下:先合上电源开关 QF。

自动往返运动:

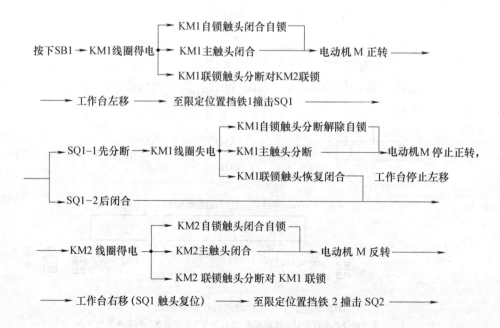

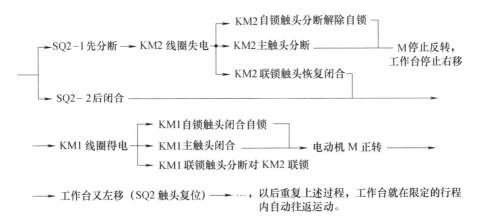

停止：按下 SB3 ——→整个控制电路失电——→KM1（或 KM2）主触头分断——→电动机 M 失电停转

这里 SB1、SB2 分别作为正转起动按钮和反转起动按钮，若起动时工作台在左端，则应按下 SB2 进行起动。

三、绘制电器布置图和接线图

1. 绘制电器布置图

2. 绘制电气接线图

小提示

安装走线槽时，应做到横平竖直、排列整齐匀称、安装牢固和便于走线等。

板前线槽配线参考图如图 4-5 所示，并在导线端部套编码套管和冷压接线头。配线后如图 4-6 所示。

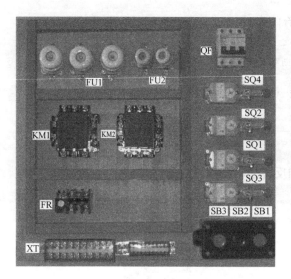

图 4-5　板前线槽配线参考图　　　　　图 4-6　配线后参考图

四、制订工作计划

"三相异步电动机位置控制与自动往返控制线路的装调" 学习任务工作计划

1. 人员分工

1）小组负责人：＿＿＿＿＿＿＿

2）小组成员及分工

姓名	分工

2. 工具及材料清单

序号	工具或材料名称	单位	数量	备注

3. 工序及工期安排

序号	工作内容	完成时间	备注

4. 安全防护措施

注：根据任务书。需要先拆除旧有线路，再接新的线路。

学习活动3 现场施工

学习目标

1. 能按图样、工艺要求、安全规范和设备要求，安装元器件。
2. 正确安装自动往返控制线路。
3. 能正确使用万用表进行线路检测，完成通电试车。
4. 施工完毕能清理现场，能填写工作记录并交付验收。

学 习 过 程

本活动的基本施工步骤如下：

元器件定位→安装元器件→按规范接线→自检→通电试车（调试）→交付验收。

本工作任务中基本不涉及新元件，安装工艺、步骤、方法及要求与学习任务一基本相同。对照前面任务中电气设备控制线路的安装步骤和工艺要求，完成安装任务。

一、元器件的定位和安装

结合实际操作，回答以下问题。

 引导问题：

安装行程开关时需要注意哪些问题？

_____

_____

_____

 小提示

安装注意事项如下：

行程开关可以先安装好，不占测试时间。行程开关必须牢固安装在合适的位置上。

1）安装后，必须用手动模拟机械接通的方式进行检测，合格后才能使用。训练中，若无条件进行实际机械安装试验时，可将行程开关安装在控制板上方（或下方）两侧，进行手控模拟试验。

2）通电校验时，必须先手控行程开关模拟试验，试验各行程控制和终端保护动作是否正常可靠。

3）走线槽安装后可不必拆卸。

4）通电校验时，必须有指导教师在现场监护，学生应根据电路的控制要求独立进行校验，若出现故障应自行排除。

5）安装训练应在规定的时间内完成，同时要做到安全操作和文明生产。

二、根据接线图和布线工艺要求完成布线

安装过程中遇到了哪些问题？你是如何解决的？记录在表4-3中。

表4-3　问题记录表

所遇问题	解决方法

三、自检

引导问题：

1. 写出自检过程。

_____

_____

_____

2. 填写表 4-4。

表 4-4　自检记录表

测试内容 系统单元	部件明细	测试机构工艺记录明细	电路是否正常	备　注 （参数最终用户定）
主电路				
控制电路	KM1			
	KM2			
	FR			
	SB1			
	SB2			
	SB3			
行程开关	SQ1			
	SQ2			
	SQ3			
	SQ4			
其他单点调试记录说明				
问题与建议				

四、通电试车

引导问题：

断电检查无误后，经指导老师同意，通电试车，观察电动机的运行状态，测量相关技术参数，若存在故障，及时处理。电动机运行正常无误，交付验收人员检查。通电试车过程中，若出现异常现象，应立即停车，按照前面任务中所学的方法步骤进行检修。小组间相互交流一下，将各自遇到的故障现象、故障原因和处理方法记录下来，填入表 4-5 中。

表 4-5 故障记录表

故障现象	故障原因	处理方法

五、项目验收

以小组为单位认真完善自动往返控制线路工作任务联系单中内容。

学习活动 4 工作总结和评价

学 习 目 标

1. 能以小组形式，对学习过程和实训成果进行汇报总结。
2. 完成对学习过程的综合评价。

学 习 过 程

一、工作总结

以小组为单位，选择演示文稿、展板、海报、录像等形式中的一种或几种，向全班展示、汇报学习成果。

二、综合评价

评价表

评价项目	评价内容	评价标准	评价方式		
			自我评价	小组评价	教师评价
职业素养	安全意识、责任意识	A 作风严谨、自觉遵章守纪、出色完成工作任务 B 能够遵守规章制度、较好完成工作任务 C 有忽视规章制度的行为,勉强完成工作任务 D 不遵守规章制度、没完成工作任务			

（续）

评价项目	评价内容	评价标准	评价方式		
			自我评价	小组评价	教师评价
职业素养	学习态度主动	A　积极参与教学活动,全勤 B　缺勤达本任务总学时的 10% C　缺勤达本任务总学时的 20% D　缺勤达本任务总学时的 30%			
	团队合作意识	A　与同学协作融洽、团队合作意识强 B　与同学能沟通、协同工作能力较强 C　与同学能沟通、协同工作能力一般 D　与同学沟通困难、协同工作能力较差			
专业能力	学习活动1明确工作任务	A　按时、完整地工作页,问题回答正确,图纸绘制准确 B　按时、完整地工作页,问题回答基本正确,图纸绘制基本准确 C　未能按时完成工作页,或内容遗漏、错误较多 D　未完成工作页			
	学习活动2施工前的准备	A　学习活动评价成绩为 90～100 分 B　学习活动评价成绩为 75～89 分 C　学习活动评价成绩为 60～75 分 D　学习活动评价成绩为 0～60 分			
	学习活动3现场施工	A　学习活动评价成绩为 90～100 分 B　学习活动评价成绩为 75～89 分 C　学习活动评价成绩为 60～75 分 D　学习活动评价成绩为 0～60 分			
创新能力		学习过程中提出具有创新性、可行性的建议	加分奖励:		
班级			学号		
姓名			综合评价等级		
指导教师			日期		

学习任务5 两台电动机顺序起动逆序停止控制线路的装调

学习目标

1. 能通过阅读工作任务联系单和现场勘察，明确工作任务要求。

2. 能根据两台电动机顺序起动逆序停止控制线路的电路图，选用安装和检修所用的工具、仪表及器材。

3. 能正确识读电气原理图、绘制电器布置图、电气接线图，明确控制器件的动作过程和控制原理。

4. 能按图样、工艺要求、安全规范和设备要求，安装元器件，按图接线，实现两台电动机顺序起动逆序停止控制线路的正确连接。

5. 能正确使用仪表进行测试检查，验证电路安装的正确性，能按照安全操作规程正确通电试车。

6. 能正确标注有关控制功能的铭牌标签。

7. 能按照管理规定在施工后清理施工现场。

工作任务描述

学校数控车床工作站的摇臂钻床、万能铣床、镗床、桥式起重机及各种自动或半自动控制机床设备经常遇到顺序起动逆序停止的控制要求，因此需要装调10台起动停止控制实训台，以便设备检测时候使用。通过完成此任务，可以掌层顺序起动逆序停止控制线路的控制原理和安装调试流程。

工作流程与活动

1. 明确工作任务。

2. 施工前的准备。

3. 现场施工。

4. 工作总结与评价。

学习活动 1　明确工作任务

学 习 目 标

1. 能阅读"实训台电气线路的装调"工作任务联系单。
2. 能明确工时、工艺要求。
3. 能明确个人任务要求。
4. 了解顺序控制的概念，顺序控制的方法。

学 习 过 程

一、阅读工作任务联系单

阅读工作任务联系单，见表 5-1，根据实际情况补充完整。

5-1　工作任务联系单

任务名称	两台电动机顺序起动逆序停止控制线路装调	委托方	机电工程系数控车床工作站
任务技术描述	两台电动机顺序起动逆序停止控制线路工作台共需十台	施工时间	2015 年 10 月 8 日—11 日
		施工地址	机电工程系数控车床工作站
申报单位电话	89895555	安装单位电话	89894444
技术协议	教师验收		

二、顺序控制

在装有多台电动机的生产机械上，各电动机所起的作用是不同的，有时需按一定的顺序起动或停止，才能保证操作过程的合理和工作的安全可靠。如 X62W 型万能铣床，要求主轴电动机起动后，进给电动机才能起动；M7120 型平面磨床要求砂轮电动机起动后，冷却泵电动机再起动。

引导问题：

1. 什么叫顺序控制？

_____

_____

_____

2. 请简述，如何在主电路中实现顺序控制？

_____

_____

_____

3. 请简述，如何在控制电路中实现顺序控制？

_____

_____

_____

 小提示

按一定的先后顺序完成几台电动机的起动或停止的控制方式，叫做电动机的顺序控制。顺序起动指的是在一个设备起动之后另一个设备才能起动运行，停止时，需要后起动的设备无停止，先起动的设备后停止的一种控制方式，常用于主辅设备之间的控制。

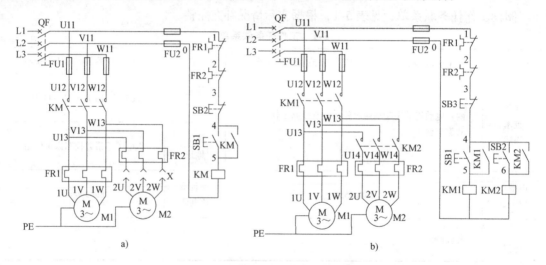

图 5-1　主电路实现电动机顺序控制线路图

a）接插器控制　b）接触器控制

1. 主电路实现顺序控制

如图 5-1 所示为主电路实现电动机顺序控制线路图。其特点是电动机 M2 的主电路接在 KM（或 KM1）主触头的下面。

图 5-1a 所示控制线路中，电动机 M2 是通过接插器 X 接在接触器 KM 主触头的下面，因此，只有当 KM 主触头闭合、电动机 M1 起动运转后，电动机 M2 才可能接通电源运转。M7120 型平面磨床的砂轮电动机和冷却泵电动机，就采用了这种顺序控制线路。

图 5-1b 所示控制线路中，电动机 M1 和 M2 分别通过接触器 KM1 和 KM2 来控制，接触器 KM2 的主触头接在接触器 KM1 主触头的下面，这样就保证了当 KM1 主触头闭合、电动机 M1 起动运转后，电动机 M2 才可能接通电源运转。电路的工作原理如下：先合上电源开关 QF。

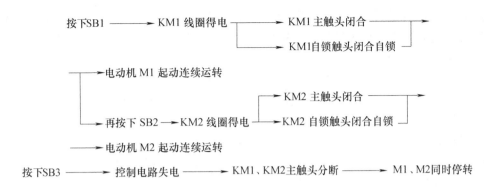

2. 控制电路实现顺序控制

控制电路实现顺序控制的电路图如图 5-2 所示。图 5-2a 所示控制线路的特点是：电动机

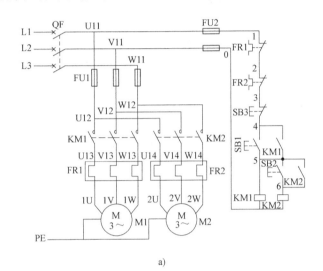

a)

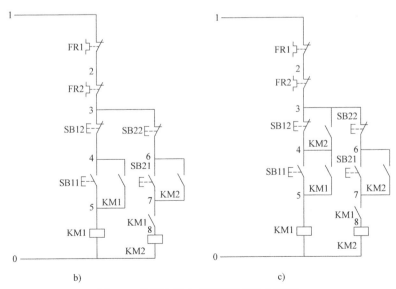

b)　　　　　　　　c)

图 5-2　控制电路实现顺序控制的电路图

M2 的控制电路先与接触器 KM1 的线圈并联后再与 KM1 的自锁触头串接，这样就保证了 M1 起动后 M2 才能起动的顺序控制要求。电路的工作原理与图 5-1b 所示电路的工作原理相同。

图 5-2b 所示控制电路的特点：在电动机 M2 的控制电路中，串接接触器 KM1 的辅助常开触头。只要 M1 不起动，即使按下 SB21，由于 KM1 的辅助常开触头未闭合，KM2 线圈也不能得电，从而保证 M1 起动后 M2 才能起动的控制要求。电路中停止按钮 SB12 控制两台电动机同时停止，SB22 控制 M2 的单独停止。

图 5-2c 所示控制电路，是在图 2-28b 所示线路中的停止按钮 SB12 的两端并联了接触器 KM2 的辅助常开触头，从而实现 M1 起动后 M2 才能起动；而 M2 停止后，M1 才能停止的控制要求，即 M1、M2 是顺序起动，逆序停止。

学习活动 2　施工前的准备

学习目标

1. 认识本任务所用低压电器，能描述它们的结构、工作原理、用途、型号及应用场合。
2. 能准确识读电器元件符号。
3. 能对电器元件进行检测。
4. 能识读电气原理图，了解电路的工作原理。
5. 能正确绘制电器布置图和接线图。

学习过程

一、认识元器件

引导问题：

电路当中用到了哪些元器件？将表 5-2 填写完整，并根据实际需要进行补充。

表 5-2　元器件明细

序号	名称	型号与规格	单位	数量	备注
1	控制板				
2	电源开关				
3	熔断器				
4	交流接触器				
5	热继电器				
6	行程开关				
7	按钮				
8	端子板				
9	三相笼型异步电动机				

（续）

序号	名称	型号与规格	单位	数量	备注

小提示

选用工具、仪表及元件明细表见表 5-3 和表 5-4。

表 5-3　工具与仪表

工具	测电笔、螺钉旋具、尖嘴钳、斜口钳、剥线钳、电工刀等
仪表	ZC25—3 型绝缘电阻表（500V、0～500MΩ）、MG3—1 型钳形电流表、MF47 型万用表

表 5-4　元件明细表

代号	名称	型号	规格	数量
M1	三相笼型异步电动机	Y112M-4	4kW、380V、8.8A、△联结、1440r/min	1
M2	三相笼型异步电动机	Y90S-2	1.5kW、380V、3.4A、丫联结、2845r/min	1
QF	电源开关	DZ5-20/330	三极复式脱扣器、380V、20A	1
FU1	熔断器	RL1-60/25	500V、60A、配熔体25A	3
FU2	熔断器	RL1-15/2	500V、15A、配熔体2A	2
KM1	交流接触器	CJT1-20	20A、线圈电压380V	1
KM2	交流接触器	CJT1-10	10A、线圈电压380V	1
FR1	热继电器	JR36-20/3	三极、20A、整定电流8.8A	1
FR2	热继电器	JR36-20/3	三极、20A、整定电流3.4A	1
SB11、SB12	按钮	LA4-3H	保护式、按钮数3	1
SB21、SB22	按钮	LA4-3H	保护式、按钮数3	1
XT	端子板	JD0-1020	380V、10A、20 节	1
	控制板		500mm×400mm×20mm	1
	主电路导线	BVR-1.5	1.5mm²（7×0.52mm）	若干
	控制电路导线	BVR-1.0	1mm²（7×0.43mm）	若干
	按钮线	BVR-0.75	0.75mm²	若干
	接地线	BVR-1.5	1.5mm²（黄绿双色）	若干
	走线槽		18mm×25mm	若干
	电动机引线			若干
	紧固体及编码套管			若干
	针形及叉形轧头			若干
	金属软管			

二、识读电路图

两台电动机顺序起动逆序停止控制线路如图 5-3 所示。

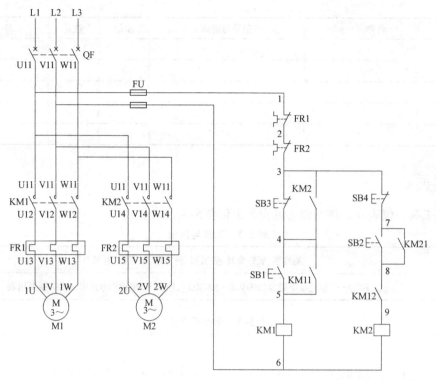

图 5-3　两台电动机顺序起动逆序停止控制线路

 引导问题：

1. 线路中两台电动机的起动顺序和停止顺序是怎样的?

_____

_____

_____

2. 请简述此线路的工作原理。

_____

_____

_____

小提示

　　顺序起动、逆序停止控制常用于主辅设备之间的控制。如图 5-3 所示，起动时，当辅助设备的接触器 KM1 闭合之后，主要设备的接触器 KM2 才能闭合；停止时，KM2 不断开，KM1 也无法断开。

1. 工作过程

1）合上开关 QF，引入线路电源。

2）按下按钮 SB1，接触器 KM1 线圈得电吸合，其主触头闭合，辅助电机 M1 运行，并且 KM1 辅助常开触头 KM11 闭合实现自锁。同时串接在 KM2 线圈回路上的辅助常开触头

KM12 闭合，从而保证在 M1 起动的情况下 M2 才能起动。

3）按下按钮 SB2，接触器 KM2 线圈得电吸合，其主触头闭合，主电动机 M2 开始运行，并且 KM2 的辅助常开触头 KM21 闭合实现自锁。

4）正常运行状态下，KM2 的另一个辅助常开触头 KM22 将 SB3 短接，使 SB3 失去控制作用。若要停止辅助设备 M1，只有先按下 SB4，使 KM2 线圈失电，KM2 辅助常开触头 KM22 复位（触头断开），SB3 才起作用。

5）主电动机的过流保护由热继电器 FR2 完成。辅助设备的过流保护由热继电器 FR1 完成，FR1 动作控制电路断电，主、辅设备全部停止运行。

2. 工作原理

合上电源开关 QF：

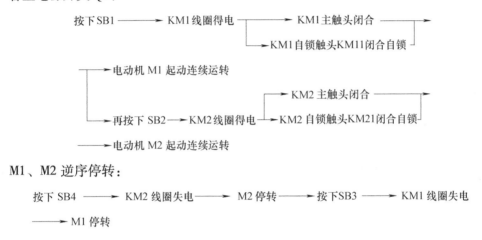

M1、M2 逆序停转：

按下 SB4 ——→ KM2 线圈失电 ——→ M2 停转 ——→ 按下 SB3 ——→ KM1 线圈失电

——→ M1 停转

三、绘制电器布置图和接线图

1. 绘制电器布置图

2. 绘制电气接线图

 小提示

接线注意事项：

1）检查电器元件。检查按钮、接触器触头表面情况；检查分合动作；测量接触器线圈电阻；观察电动机接线盒内的端子标记。

2）按图接线。先分别用黄、绿、红三种颜色的导线接主电路。辅助电路按接线图的线号顺序接线。注意主电路各接触器触头间的连接线。

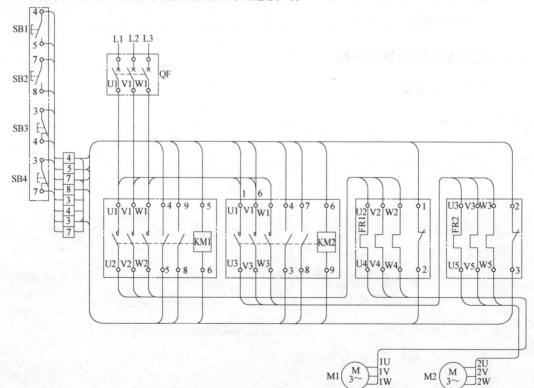

图 5-4　两台电动机顺序起动逆序停止控制线路电气接线图

图 5-4 所示为两台电动机顺序起动逆序停止控制线路电气接线图。

四、制订工作计划

"两台电动机顺序起动逆序停止控制线路的装调"
学习任务工作计划

1. 人员分工
1）小组负责人：＿＿＿＿＿＿
2）小组成员及分工

姓名	分工

2. 工具及材料清单

序号	工具或材料名称	单位	数量	备注

3. 工序及工期安排

序号	工作内容	完成时间	备注

4. 安全防护措施

学习活动 3 现场施工

学习目标

1. 能按图样、工艺要求、安全规范和设备要求，安装元器件。
2. 正确安装顺序起动逆序停止控制线路。
3. 能正确使用万用表进行线路检测，完成通电试车。
4. 施工完毕能清理现场，能填写工作记录并交付验收。

学习过程

本活动的基本施工步骤如下：

元器件定位→安装元器件→按规范接线→自检→通电试车（调试）→交付验收。

本工作任务中基本不涉及新元件，安装工艺、步骤、方法及要求与学习任务一基本相同。对照前面任务中电气设备控制线路的安装步骤和工艺要求，完成安装任务。

一、元器件的定位和安装

1. 检查电器元件

检查按钮、接触器触头表面情况；检查分合动作；测量接触器线圈电阻；观察电动机接线盒内的端子标记。

2. 按图接线

先分别用黄、绿、红三种颜色的导线接主电路。辅助电路按接线图的线号顺序接线。注意主电路各接触器触头间的连接线，要认真核对。

二、根据接线图和布线工艺要求完成布线

安装过程中遇到了哪些问题？你是如何解决的？记录在表 5-5 中。

表 5-5 问题记录表

所遇问题	解决方法

三、自检

引导问题：

1. 写出自检过程。

_____

_____

_____

2. 填写表 5-6。

表 5-6 自检记录表

测试内容 / 系统单元	部件明细	测试机构工艺记录明细	电路是否正常	备　注（参数最终用户定）
主电路				
控制电路	KM1			
	KM2			
	FR1			
	FR2			
	SB1			
	SB2			
	SB3			
其他单点调试记录说明				
问题与建议				

小提示

1. 线路检查及试车

1）线路检查：一般用万用表进行，先查主电路，再查控制电路。分别用万用表测量各电器元器件与线路是否正常。

2）试车：经线路检查无误后，检查三相电源，合上 QF 进行试车。

2. 常见故障

1）KM1 不能实现自锁。

分析处理：KM1 的常开辅助触头接错。

2）不能顺序起动，KM2 可以先起动。

分析处理：KM2 先起动说明 KM2 的控制电路有电，KM2 不受 KM1 控制而可以直接起动。检查 KM1 的常开触头是否串联在 KM2 线圈的回路中。

3）不能逆序停止，KM1 可以先停止。

分析处理：KM1 可以先停止说明 SB3 起作用，即并联在 SB3 上的 KM2 的常开辅助触头没起作用。

四、通电试车

 引导问题：

断电检查无误后，经指导老师同意，通电试车，观察电动机的运行状态，测量相关技术参数，若存在故障，及时处理。电动机运行正常无误，交付验收人员检查。通电试车过程中，若出现异常现象，应立即停车，按照前面任务中所学的方法步骤进行检修。小组间相互交流一下，将各自遇到的故障现象、故障原因和处理方法记录下来，填写表 5-7。

表 5-7 故障记录表

故障现象	故障原因	处理方法

五、项目验收

以小组为单位认真完善顺序起动逆序停止控制线路工作任务联系单中内容。

学习活动 4 工作总结和评价

学习目标

1. 能以小组形式，对学习过程和实训成果进行汇报总结。
2. 完成对学习过程的综合评价。

学习过程

一、工作总结

以小组为单位，选择演示文稿、展板、海报、录像等形式中的一种或几种，向全班展示、汇报学习成果。

二、综合评价

评价表

评价项目	评价内容	评价标准	评价方式		
			自我评价	小组评价	教师评价
职业素养	安全意识、责任意识	A　作风严谨、自觉遵章守纪、出色完成工作任务 B　能够遵守规章制度、较好完成工作任务 C　有忽视规章制度的行为,勉强完成工作任务 D　不遵守规章制度、没完成工作任务			
	学习态度主动	A　积极参与教学活动,全勤 B　缺勤达本任务总学时的 10% C　缺勤达本任务总学时的 20% D　缺勤达本任务总学时的 30%			
	团队合作意识	A　与同学协作融洽、团队合作意识强 B　与同学能沟通、协同工作能力较强 C　与同学能沟通、协同工作能力一般 D　与同学沟通困难、协同工作能力较差			
专业能力	学习活动 1 明确工作任务	A　按时、完整地工作页,问题回答正确,图纸绘制准确 B　按时、完整地工作页,问题回答基本正确,图纸绘制基本准确 C　未能按时完成工作页,或内容遗漏、错误较多 D　未完成工作页			
	学习活动 2 施工前的准备	A　学习活动评价成绩为 90～100 分 B　学习活动评价成绩为 75～89 分 C　学习活动评价成绩为 60～75 分 D　学习活动评价成绩为 0～60 分			
	学习活动 3 现场施工	A　学习活动评价成绩为 90～100 分 B　学习活动评价成绩为 75～89 分 C　学习活动评价成绩为 60～75 分 D　学习活动评价成绩为 0～60 分			
创新能力		学习过程中提出具有创新性、可行性的建议	加分奖励:		
班级			学号		
姓名			综合评价等级		
指导教师			日期		

学习任务 6　三相异步电动机丫-△减压起动控制线路的装调

学习目标

1. 能通过阅读工作任务联系单和现场勘察，明确工作任务要求。

2. 能正确描述丫-△减压起动器的功能、结构。

3. 能根据丫-△减压起动控制线路的电路图，选用安装和检修所用的工具、仪表及器材。

4. 能正确识读电气原理图、绘制安装图、接线图，明确控制器件的动作过程和控制原理。

5. 能按图样、工艺要求、安全规范和设备要求，安装元器件，按图接线，实现丫-△减压起动控制线路的正确连接。

6. 能正确使用仪表进行测试检查，验证电路安装的正确性，能按照安全操作规程正确通电试车。

7. 能正确标注有关控制功能的铭牌标签。

8. 能按照管理规定在施工后清理施工现场。

工作任务描述

学校所属供水泵站的 2 台减压起动器线路老化，无法正常工作，需重新更换元器件和线路配线。本任务要求重新安装 2 台丫-△减压起动器取代原减压起动器。

工作流程与活动

1. 明确工作任务。

2. 施工前的准备。

3. 现场施工。

4. 工作总结与评价。

学习活动 1　明确工作任务

学习目标

1. 能阅读工作任务联系单。
2. 能明确工时、工艺要求。
3. 能明确个人任务要求。
4. 了解使电动机减压起动的方法。

学习过程

阅读工作任务联系单，见表 6-1，说出本次任务的工作内容、时间要求及交接工作的相关负责人等信息，并根据实际情况补充完整。

表 6-1　工作任务联系单

流水号：201506

类别:水□　电□　暖□　土建□　其他□			日期:2015 年 10 月 12 日
安装地点	电气工作站		
安装项目	三相异步电动机丫-△减压起动控制线路		
需求原因	仓库顶层 18kW 排风风机控制电气箱		
申报时间	2015 年 10 月 12 日	完工时间	2015 年 10 月 16 日
申报单位	基业电气有限公司	安装单位	电气工程系
验收意见		安装单位电话	89896666
验收人		承办人	
申报人电话	898955555	承办人电话	
泵站负责人	李华	泵站负责人电话	89894444

引导问题：

1. 什么是全压起动，优点是什么？

_____

_____

2. 什么是减压起动，什么时候需要用减压起动？

_____

_____

_____

3. 常用的减压起动有什么方法？

_____

_____

_____

![小提示]

起动时加在电动机定子绕组上的电压为电动机的额定电压，属于全压起动，也叫直接起动。直接起动的优点是所用电气设备少，线路简单，维修量较小。但直接起动时的起动电流较大，一般为额定电流的 4~7 倍。在电源变压器容量有限，而电动机功率较大的情况下，直接起动将导致电源变压器输出电压下降，不仅减小电动机本身的起动转矩，而且会影响同一供电线路中其他电气设备的正常工作。因此，功率较大的电动机起动时，需要采用减压起动。

通常电源变压器容量在 180kV·A 以上，电动机容量在 7kW 以下的电动机可采用直接起动。

判断一台电动机能否直接起动，还可以用式 6-1 所示经验公式来确定：

$$\frac{I_{st}}{I_N} \leqslant \frac{3}{4} + \frac{S}{4P} \tag{6-1}$$

式中 I_{st}——电动机全压起动电流（A）；

I_N——电动机额定电流（A）；

S——电源变压器容量（kV·A）；

P——电动机功率（kW）。

凡不满足直接起动条件的，均须采用减压起动。

减压起动是指利用起动设备将起动电压适当降低后，加到电动机的定子绕组上进行起动，待电动机正常运转后，再使其电压恢复到额定电压。

由于电流随电压的降低而减小，所以减压起动达到了减小起动电流的目的。但是，由于电动机转矩与电压的平方成正比，所以减压起动也将导致电动机的起动转矩大为降低。因此，减压起动需要在空载或轻载下起动。

常见的减压起动方法有以下几种：定子绕组串电阻减压起动、自耦变压器减压起动、Y-△减压起动、延边三角形减压起动等。

学习活动 2　施工前的准备

学习目标

1. 认识本任务所用低压电器，能描述它们的结构、工作原理、用途、型号及应用场合。
2. 能准确识读电器元件符号。
3. 能对电器元件进行检测。
4. 能识读电气原理图，了解电路的工作原理。
5. 能正确绘制电器布置图和接线图。

学习过程

一、认识元器件

在减压起动器中，常采用时间继电器来实现电动机从减压起动到全压运行的自动控制。

时间继电器作为辅助元件常用于各种保护及自动装置中,使被控元件满足所需要的延时动作时间。它利用电磁机构或机械动作原理,使得当线圈通电或断电以后,触头延迟闭合或断开,常见时间继电器如图6-1所示。对照实物,完成以下问题。

图 6-1　常见时间继电器

引导问题:

1. 常用的时间继电器有哪几种?

_____

_____

2. 空气阻尼式时间继电器是一种较常用的时间继电器,又称气囊式时间继电器,是利用气囊中的空气通过小孔节流的原理来获得延时动作的。观察空气阻尼式时间继电器外形,查阅相关资料,了解其结构组成,将图6-2补充完整。

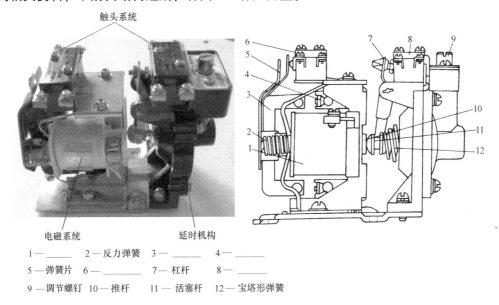

1—_____　2—反力弹簧　3—_____　4—_____
5—弹簧片　6—_____　7—杠杆　8—_____
9—调节螺钉　10—推杆　11—活塞杆　12—宝塔形弹簧

图 6-2　空气阻尼式时间继电器外形及结构

3. 根据触头延时的特点，空气阻尼式时间继电器可分为通电延时动作型和断电延时复位型两种。查阅相关资料，说明两者之间的区别。

_____

_____

4. 空气阻尼式时间继电器的类型一般通过其型号来描述，查阅相关资料，了解其型号及含义，将图6-3补充完整。

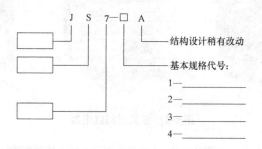

图6-3　空气阻尼式时间继电器型号

5. 如果将通电延时型时间继电器的电磁机构翻转180°安装，即成为断电延时型时间继电器。查阅资料，观察实物结构，简要说明其原理。

_____

_____

6. 晶体管时间继电器也称为半导体时间继电器和电子式时间继电器，近年来发展迅速，应用越来越广泛。JS20系列晶体管时间继电器的外形及接线图如图6-4所示。查阅相关资料，说明相对于空气阻尼式时间继电器，晶体管时间继电器有哪些优点。

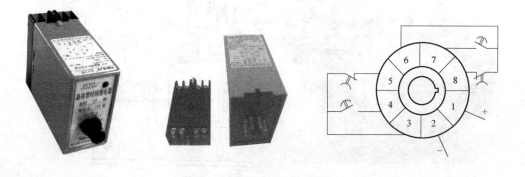

图6-4　JS20系列晶体管时间继电器的外形及接线图

_____

_____

小提示

1. 概述

在生产中，经常需要按一定的时间间隔来对生产机械进行控制。例如在一条自动线中的多台电动机，常需要分批起动，在第一批电动机起动后，需经过一定时间才能起动第二批。这类自动控制方式称为时间控制。时间控制通常是利用时间继电器来实现的。

时间继电器是一种利用电磁原理或机械动作原理实现触头延时接通或断开的自动控制电器，其种类很多，常用的有电磁式、空气阻尼式、电动式和晶体管式等。

时间继电器的型号含义如图6-5所示。

这里仅介绍通电延时型空气阻尼式时间继电器和晶体管式时间继电器。

2. 空气阻尼式时间继电器

空气阻尼式时间继电器是利用空气阻尼原理获得延时的，它由电磁机构、延时机构、触头三部分组成，其外形及符号如图6-6所示。

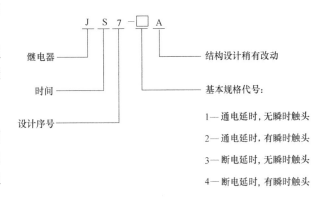

图6-5　时间继电器型号含义

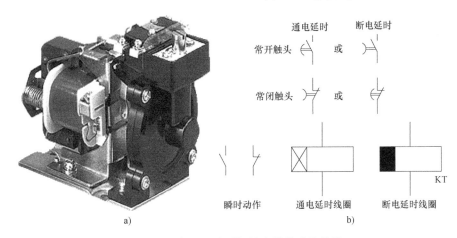

图6-6　空气阻尼式时间继电器外形及符号
a) 外形　b) 符号

如图6-7所示，线圈通电后，吸下动铁心，活塞因失去支撑，在弹簧的作用下开始下降，带动伞形活塞和固定在上面的橡皮膜一起下移，在膜上面造成空气稀薄的空间，伞形活塞受到下面空气的压力，缓慢下降。经过一定时间后，杠杆碰触微动开关，常闭触头断开，常开触头闭合。从电磁线圈通电开始到触头动作，中间经过了一定时间的延时，这就是时间继电器的延时作用。延时时间的长短可以通过螺钉来调节进气孔的大小改变。空气阻尼式时间继电器的延时范围较大，可达0.4～180s。电磁线圈断电后，伞形活塞在恢复弹簧的作用下迅速复位，气室内的空气经由出气孔及时排出，因此，断电不延时。

3. 晶体管式时间继电器

晶体管式时间继电器也称为半导体式时间继电器，如图 6-8 所示。它的工作原理是利用电容对电压变化的阻尼作用作为延时的基础。其特点是延时范围广，精度高，体积小，便于调节，寿命长。

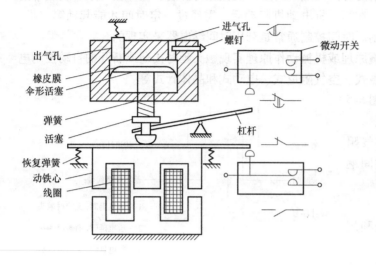

图 6-7　空气阻尼式时间继电器结构　　　图 6-8　晶体管式时间继电器结构

二、识读电路图

丫-△减压起动器控制线路电路图如图 6-9 所示。

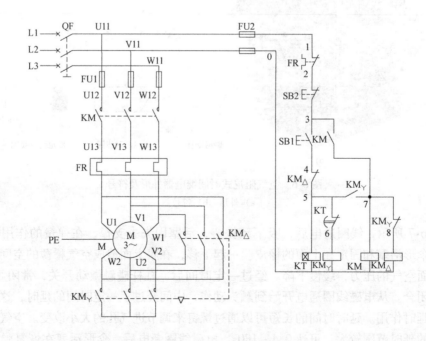

图 6-9　丫-△减压起动器控制线路

引导问题：

1. 当接触器 KM 和接触器 KM丫同时得电工作时，电动机定子绕组接成＿＿＿＿＿＿＿＿＿，电动机工作状态为减压起动。当接触器 KM 和接触器 KM△同时得电工作时，电动机定子绕组接成＿＿＿＿＿＿＿＿＿，电动机工作状态为全压运行。

2. 电路中的时间继电器是通电延时还是断电延时？在电路中起什么作用？

_____

_____

3. 简述该电路的工作原理。

_____

_____

小提示

1. 工作原理

先合上电源开关 QF。

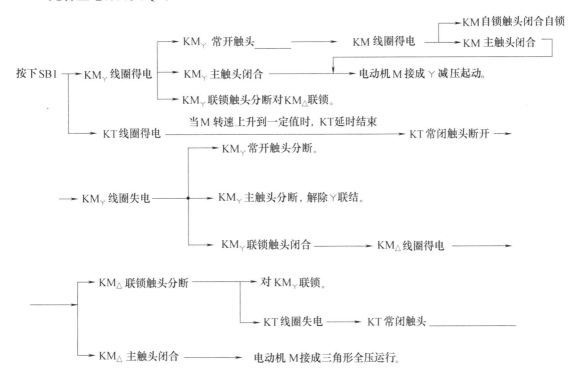

停止时，按下 SB2 即可实现。

2. 条件

1）当负载对电动机起动力矩无严格要求，同时限制电动机起动电流且电动机满足三角形接线条件才能采用星-三角起动方法。

2）星-三角起动属于减压起动，是以牺牲功率为代价来换取降低起动电流来实现。一般笼型电动机的功率超过变压器额定功率的10%时就需要采用星-三角起动。

3）只有笼型异步电动机才采用星-三角起动。

4）星-三角减压起动的电动机三相绕组共有六个外接端子，即A-X、B-Y、C-Z，如图6-10所示（以额定电压380V的电动机为例），两种接线方法如下：

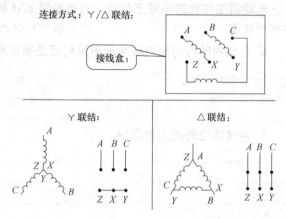

a）星形起动：X-Y-Z相连，A、B、C三端接三相交流电压380V，此时每相绕组电压为220V，较直接加380V起动电流大为降低，避免了过大的起动电流对电网形成的冲击。此时的转矩相对较小，但电动机可达到一定的转速。

图6-10 连接方式

b）三角形运行：电动机在星形联结下持续一段时间（约几十秒钟）达到一定的转速后，电器开关把六个接线端子转换成三角形联结并再次接到380V电源时，每相绕组电压为380V，转矩和转速大大提高，电动机进入额定条件下的运行过程。三角形，A-X、B-Y、C-Z分别短接，电源加在形成的三角形接头上。

三、绘制电器布置图和接线图

1. 绘制电器布置图

2. 绘制电气接线图

小提示

　　根据丫-△减压起动器原理图和实际情况，画出元器件布置图和电气接线图，如图 6-11 和图 6-12 所示。

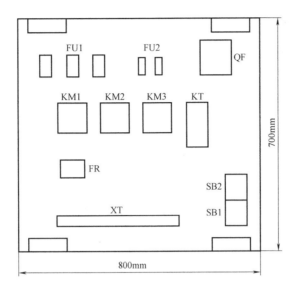

图 6-11　布置图

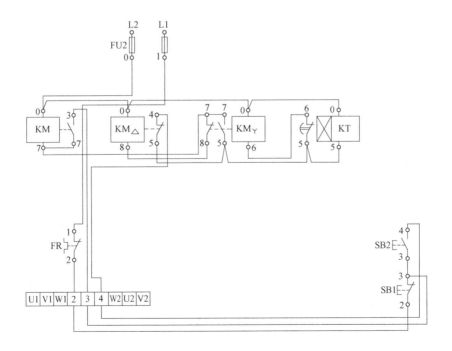

图 6-12　接线图

四、制订工作计划

"三相异步电动机丫-△减压起动控制线路的装调"
学习任务工作计划

1. 人员分工

1）小组负责人：＿＿＿＿＿＿＿＿

2）小组成员及分工

姓名	分工

2. 工具及材料清单

序号	工具或材料名称	单位	数量	备 注

3. 工序及工期安排

序号	工作内容	完成时间	备注

4. 安全防护措施

注：根据任务书。需要先拆除旧有线路，再接新的线路。

学习活动 3　现场施工

学习目标

1. 能按图样、工艺要求、安全规范和设备要求，安装元器件。
2. 正确安装丫-△减压起动控制线路。
3. 能正确使用万用表进行线路检测，完成通电试车。
4. 施工完毕能清理现场，能填写工作记录并交付验收。

学习过程

本活动的基本施工步骤如下：

元器件定位→安装元器件→按规范接线→自检→通电试车（调试）→交付验收。

本工作任务中基本不涉及新元件，安装工艺、步骤、方法及要求与学习任务一基本相同。对照前面任务中电气设备控制线路的安装步骤和工艺要求，完成安装任务。

一、根据接线图和布线工艺要求完成布线

安装过程中遇到了哪些问题？你是如何解决的？记录在表 6-2 中。

表 6-2　问题记录表

所遇问题	解决方法

💡 小提示

1）采用丫-△减压起动控制的电动机，必须有 6 个出线端子，且定子绕组在△联结时的额定电压等于三相电源的线电压。

2）接线时，要保证电动机△联结的正确性，即接触器主触头闭合时，应保证定子绕组的 A 与 X、B 与 Y、C 与 Z 相连接。

3）接触器 $KM_\curlyvee$ 的进线必须从三相定子绕组的末端引入，若误将其从首端引入，则在 $KM_\curlyvee$ 吸合时，会产生三相电源短路事故。

4）控制板外部配线必须按要求一律装在导线通道内，使导线有适当的机械保护，以防止液体、铁屑和灰尘的侵入。在训练时，可适当降低要求，但必须以能确保安全为前提条件，如采用多芯橡皮线或塑料护套软线。

5）安装训练应在规定的时间内完成，同时要做到安全操作和文明生产。

二、自检

引导问题：

写出自检过程。

_____

_____

_____

_____

_____

三、通电试车

引导问题：

1. 通电校验前要再检查一下熔体规格及时间继电器、热继电器的各整定值是否符合要求。查阅相关资料，学习整定的方法，简要写出整定的方法、要求和结果。

_____

_____

_____

_____

_____

2. 断电检查无误后，经指导老师同意，通电试车，观察电动机的运行状态，测量相关技术参数，若存在故障，及时处理。电动机运行正常无误，交付验收人员检查。

通电试车过程中，若出现异常现象，应立即停车检修。表 6-3 所示为故障检修步骤，按照步骤提示，在指导老师指导下进行检修操作，并记录操作过程。

表 6-3　故障检修步骤

检修步骤	过程记录
观察记录故障现象	
分析故障原因,确定故障范围(通电操作,注意观察故障现象,根据故障现象分析故障原因,首先确定故障点是在主电路还是控制电路)	
依据电气线路的工作原理和观察到的故障现象,在电路图上进行分析,确定最小故障范围	
在故障检查范围中,采用逻辑分析及正确的测量方法,迅速查找故障并排除	
通电试车	

3. 试车过程中，是否遇到过以下故障？相互交流一下，查阅资料，分析故障原因，写出处理方法，填入表 6-4 中。

表 6-4　故障记录表

故障现象	故障原因	处理方法
通电试车后电动机不能起动		
通电试车后电动机持续低速运转不能恢复到正常转速		
通电后电动机直接全压起动		

四、项目验收

以小组为单位认真完善丫-△减压起动控制线路工作任务联系单中内容。

学习活动 4　工作总结和评价

学 习 目 标

1. 能以小组形式，对学习过程和实训成果进行汇报总结。
2. 完成对学习过程的综合评价。

学 习 过 程

一、工作总结

以小组为单位，选择演示文稿、展板、海报、录像等形式中的一种或几种，向全班展示、汇报学习成果。

二、综合评价

评价表

评价项目	评价内容	评价标准	评价方式		
			自我评价	小组评价	教师评价
职业素养	安全意识、责任意识	A　作风严谨、自觉遵章守纪、出色完成工作任务 B　能够遵守规章制度、较好完成工作任务 C　有忽视规章制度的行为,勉强完成工作任务 D　不遵守规章制度、没完成工作任务			

（续）

评价项目	评价内容	评价标准	评价方式		
			自我评价	小组评价	教师评价
职业素养	学习态度主动	A 积极参与教学活动,全勤 B 缺勤达本任务总学时的10% C 缺勤达本任务总学时的20% D 缺勤达本任务总学时的30%			
	团队合作意识	A 与同学协作融洽、团队合作意识强 B 与同学能沟通、协同工作能力较强 C 与同学能沟通、协同工作能力一般 D 与同学沟通困难、协同工作能力较差			
专业能力	学习活动1 明确工作任务	A 按时、完整地工作页,问题回答正确,图纸绘制准确 B 按时、完整地工作页,问题回答基本正确,图纸绘制基本准确 C 未能按时完成工作页,或内容遗漏、错误较多 D 未完成工作页			
	学习活动2 施工前的准备	A 学习活动评价成绩为90~100分 B 学习活动评价成绩为75~89分 C 学习活动评价成绩为60~75分 D 学习活动评价成绩为0~60分			
	学习活动3 现场施工	A 学习活动评价成绩为90~100分 B 学习活动评价成绩为75~89分 C 学习活动评价成绩为60~75分 D 学习活动评价成绩为0~60分			
创新能力		学习过程中提出具有创新性、可行性的建议	加分奖励:		
班级		学号			
姓名		综合评价等级			
指导教师		日期			

学习任务 7　自耦变压器减压起动控制线路的装调

学习目标

1. 能通过阅读工作任务联系单和现场勘察，明确工作任务要求。

2. 能正确描述自耦变压器的功能和结构。

3. 能根据自耦变压器减压起动控制线路的电路图，选用安装和检修所用的工具、仪表及器材。

4. 能正确识读电气原理图、绘制安装图、接线图，明确控制器件的动作过程和控制原理。

5. 能按图样、工艺要求、安全规范和设备要求，安装元器件，按图接线，实现自耦变压器减压起动控制线路的正确连接。

6. 能正确使用仪表进行测试检查，验证电路安装的正确性，能按照安全操作规程正确通电试车。

7. 能正确标注有关控制功能的铭牌标签。

8. 能按照管理规定在施工后清理施工现场。

工作任务描述

学校生产学习合作单位某热力公司泵站的两台减压起动器线路老化，无法正常工作，需重新更换元器件和线路配线，并重新安装两台自耦变压器减压起动控制线路的实训台。

工作流程与活动

1. 明确工作任务。

2. 施工前的准备。

3. 现场施工。

4. 工作总结与评价。

学习活动1 明确工作任务

学习目标

1. 能阅读"实训台电气线路的装配"工作任务联系单。
2. 能明确工时、工艺要求。
3. 能明确个人任务要求。
4. 了解什么是自耦变压器。

学习过程

阅读工作任务联系单，见表7-1，说出本次任务的工作内容、时间要求及交接工作的相关负责人等信息，并根据实际情况补充完整。

表7-1 工作任务联系单

流水号：201507

类别：水□ 电□ 暖□ 土建□ 其他□　　　　　　　　日期：2015年10月26日

安装地点	永阳热力公司水泵站		
安装项目	水泵控制配电箱的安装——自耦变压器减压起动控制线路		
需求原因	永阳热力公司水泵站需求		
申报时间	2015年10月26日	完工时间	2015年10月30日
申报单位	永阳热力公司	安装单位	电气工程系
验收意见		安装单位电话	89896666
验收人		承办人	
申报人电话	89895555	承办人电话	
泵站负责人	李阳	泵站负责人电话	89894444

引导问题：

1. 什么是自耦变压器减压起动？

2. 自耦变压器减压起动的特点是什么？

3. 自耦变压器减压起动的优点和缺点是什么？

_____

_____

_____

 小提示

1. 概述

　　自耦变压器减压起动是指电动机起动时利用自耦变压器来降低加在电动机定子绕组上的起动电压。待电动机起动后，电动机便与自耦变压器脱离，在全压下正常运动。这种减压起动分为手动控制和自动控制两种。

　　优点：可以按允许的起动电流和所需的起动转矩来选择自耦变压器的不同抽头，实现减压起动，而且不论电动机的定子绕组采用何种连接方式都可以使用。

　　缺点：设备体积大，投资较贵。

2. 原理

　　图 7-1 所示为自耦变压器减压起动原理图。起动时，闭合电源开关 QS1，再将开关 QS2 扳向"起动"位置，此时电动机的定子绕组与变压器的二次侧相接，电动机进行减压起动。待电动机转速上升到一定值时，迅速将开关 QS2 从"起动"位置扳到"运行"位置，这时，电动机与自耦变压器脱离而直接与电源相接，在额定电压下正常运行。

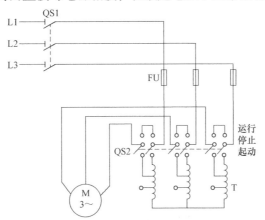

图 7-1　自耦变压器减压起动原理图

学习活动 2　施工前的准备

学 习 目 标

1. 认识本任务所用低压电器，能描述它们的结构、工作原理、用途、型号及应用场合。
2. 能准确识读电器元件符号。
3. 能对电器元件进行检测。

4. 能识读电气原理图，了解电路的工作原理。

5. 能正确绘制电器布置图和接线图。

学 习 过 程

一、认识元器件

引导问题：

1. 什么是自耦减压起动器？

2. 自耦减压起动器的分类？

3. 自耦减压起动器由哪几部分组成？

4. 自耦减压起动器常在什么情况下使用？

小提示

1. 概述

自耦减压起动器又叫补偿器，是一种减压起动设备，常用来起动额定电压为220V/380V的三相笼型异步电动机。自耦减压起动器采用抽头式自耦变压器作减压起动，既能适应不同负载的起动需要，又能得到比星-三角减压起动时更大的起动转矩，并附有热继电器和失电压脱扣器，具有完善的过载和失电压保护功能，应用非常广泛。

2. 分类及结构

自耦减压起动器有手动式和自动式两种。手动自耦减压起动器由箱体、自耦变压器、接触系统、保护系统以及操作机构等组成。操作手柄有三个位置，中间是"停止"位置；向内推为"起动"位置；向外扳为"运行"位置。为了保证电动机必须经过减压起动才能投入全压运行，操作机构中还设置了机械联锁。自动自耦减压起动器由箱体、刀开关、熔断器、按钮、交流接触器、热继电器、时间继电器和自耦变压器等组成。它是通过时间继电器和交流接触器来实现由减压起动到全压运转的自动转换。自动自耦减压起动器一般用于控制较大容量电动机的起动过程。

（1）手动自耦减压起动器

常用的手动自耦减压起动器有 QJD3 系列油浸式和 QJ10 系列空气式两种。

1）QJD3 系列油浸式手动自耦减压起动器。外形如图 7-2a 所示，主要由薄钢板制成的防护式外壳、自耦变压器、接触系统（触头浸在油中）、操作机构及保护系统五个部分组成，具有过载和失电压保护功能，适用于一般工业交流 50Hz 或 60Hz、电压 380V、功率为 10~75kW 的三相笼型异步电动机用于不频繁减压起动和停止。

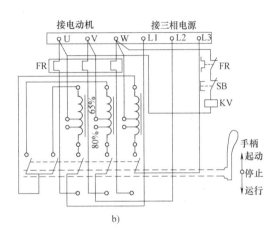

图 7-2 QJD3 系列手动自耦减压起动器
a）外形 b）电路图

QJD3 系列手动自耦减压起动器的电路图如图 7-2b 所示，其动作原理如下：

当手柄扳到"停止"位置时，装在主轴上的动触头与上、下两排静触头都不接触，电动机处于断电停止状态。

当手柄推到"起动"位置时，装在主轴上的动触头与上面一排起动静触头接触，三相电源 L1、L2、L3 通过右边三个动、静触头接入自耦变压器，又经自耦变压器的三个 65%（或 80%）抽头接入电动机进行减压起动；左边两个动、静触头接触则把自耦变压器接成了丫。

当电动机的转速上升到一定值时，将手柄迅速扳到"运行"位置，右边三个动触头与下面一排运行静触头接触，这时，自耦变压器脱离，电动机与三相电源 L1、L2、L3 直接相接，全压运行。

停止时，按下停止按钮 SB，失电压脱扣器 KV 线圈失电，衔铁下落释放，通过机械操作机构使起动器掉闸，手柄自动回到"停止"位置，电动机断电停转。

由于热继电器 FR 的常闭触头、停止按钮 SB、失压脱扣器线圈 KV 串接在 U、W 两相电源上，所以当出现电源电压不足、突然停电、电动机过载和停车现象时都能使起动器掉闸，电动机断电停转。

起动器是根据额定电压及额定功率等数据而分类，其数据见表 7-2。

2）QJ10 系列空气式手动自耦减压起动器。该系列起动器适用于交流 50Hz、电压 380V 及以下、容量 75kW 及以下的三相笼型异步电动机，用于不频繁减压起动和停止。

表 7-2　QJD3 系列手动自耦减压起动器数据

型号	额定工作电压/V	控制的电动机功率/kW	额定工作电流/A	热保护额定电流/A	最大起动时间/s
QJD3-10		10	19	22	30
QJD3-14		14	26	32	
QJD3-17		17	33	45	
QJD3-20		20	37	45	40
QJD3-22		22	42	45	
QJD3-28	380	28	51	63	
QJD3-30		30	56	63	
QJD3-40		40	74	85	
QJD3-45		45	86	120	60
QJD3-55		55	104	160	
QJD3-75		75	125	160	

　　在结构上，QJ10 系列起动器是由箱体、自耦变压器、保护装置、触头系统和手柄操作机构五部分组成。它的触头系统包括一组起动触头、一组中性触头和一组运行触头，其电路图如图 7-3 所示。

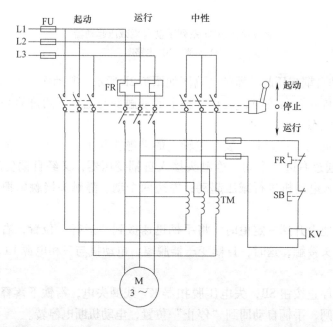

图 7-3　QJ10 系列空气式手动自耦减压起动器减压起动电路图

　　当手柄扳到"停止"位置时，所有的动、静触头均断开，电动机处于断电停止状态；当手柄推到"起动"位置时，起动触头和中性触头同时闭合，三相电源经起动触头接入自耦变压器 TM，经自耦变压器的三个抽头接入电动机进行减压起动，中性触头将自耦变压器接成星形；当电动机的转速上升到一定值时，将手柄迅速扳到"运行"位置，起动触头和中性触头先同时断开，运行触头随后闭合，这时自耦变压器脱离，电动机与三相电源 L1、

L2、L3 直接相接，全压运行。

（2）XJ01 系列自耦减压起动器

XJ01 系列自耦减压起动器是我国生产的自耦变压器减压起动自动控制设备，广泛用于交流 50Hz、电压 380V、功率 14～300kW 的三相笼型异步电动机减压起动。XJ01 系列减压起动器的外形及内部结构如图 7-4 所示。

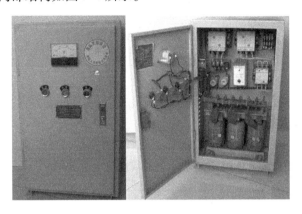

图 7-4　XJ01 系列自耦减压起动器外形及内部结构

XJ01 系列自耦减压起动器是由自耦变压器、交流接触器、中间继电器、热继电器、时间继电器和按钮等电器元件组成。对于 14～75kW 的产品，采用自动控制方式；对于 100～300kW 的产品，具有手动和自动两种控制方式，由转换开关进行切换。带时间继电器的为可调式，在 5～120s 内可以自由调节控制起动时间。自耦变压器备有额定电压 60% 和 80% 两档抽头。补偿器具有过载和失电压保护，最大起动时间为 2min（包括一次或连续数次起动时间的总和），若起动时间超过 2min，则起动后的冷却时间应大于 4h，才能再次起动。XJ01 系列自耦减压起动器减压起动电路图如图 7-5 所示。

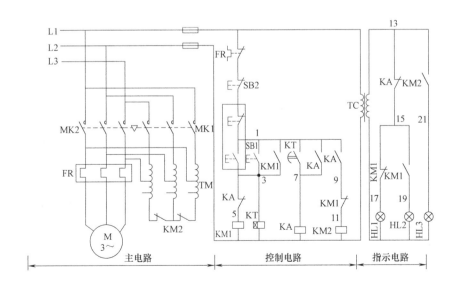

图 7-5　XJ01 系列自耦减压起动器减压起动电路图

99

引导问题：

1. 中间继电器的工作原理是什么？

_____

_____

_____

2. 中间继电器的特点是什么？

_____

_____

_____

3. 中间继电器的作用有什么？

_____

_____

_____

小提示

1. 中间继电器工作原理介绍

中间继电器是由固定铁心、动铁心、弹簧、动触头、静触头、线圈、接线端子和外壳组成。线圈通电，动铁心在电磁力作用下吸合，带动动触头动作，使常闭触头分开，常开触头闭合；线圈断电，动铁心在弹簧的作用下带动动触头复位。

中间继电器的特点是触头多（六对甚至更多），触头电流大（额定电流为 5～10A），动作灵敏（动作时间小于 0.05s）。

中间继电器（Intermediate Relay）用于继电保护与自动控制系统中以增加触头的数量及容量。它用在控制电路中传递中间信号。中间继电器的结构和原理与交流接触器基本相同，与接触器的主要区别在于：接触器的主触头可以通过大电流，而中间继电器的触头只能通过小电流。所以，它只能用于控制电路中。因为过载能力比较小，它一般没有主触头。所以中间继电器使用均为辅助触头，数量比较多。国标中对中间继电器的定义是 K，老国标是 KA。一般是直流电源供电，少数使用交流供电。

2. 控制功能

中间继电器在自动控制电路中起控制与隔离作用，广泛应用于遥控、遥测、通信、自动控制、机电一体化及电力电子设备中，是重要的控制元件之一。继电器一般都有能反映一定输入变量如电流、电压、功率、阻抗、频率、温度、压力、速度、光等的感应机构（输入部分）；有能对被控电路实现"通"、"断"控制的执行机构（输出部分）；在继电器的输入和输出部分之间，还有对输入量进行耦合隔离、功能处理和对输出部分进行驱动的中间机构（驱动部分）。

3. 工作特性

作为控制元件，继电器有如下四个特点：

1) 扩大控制范围。例如，多触头继电器控制信号达到某一定值时，可以按触头组的不同形式，同时换接、开断、接通多路电路。

2）放大。例如，中间继电器只用一个很微小的控制量，就可以控制很大功率的电路。

3）综合信号。例如，当多个控制信号按规定的形式输入多绕组继电器时，经过中间继电器的比较综合，达到预定的控制效果。

4）自动、遥控、监测。例如，自动装置上的继电器与其他电器一起，可以组成程序控制线路，实现自动控制运行。

4. 作用

在工业控制线路和现在的家用电器控制线路中，常常会有中间继电器的存在，如图7-6所示，对于不同的控制线路，中间继电器的作用有所不同，其在线路中的作用主要有以下几种。

图7-6 各种中间继电器

（1）代替小型接触器

中间继电器的触点具有一定的带负荷能力，当负载容量比较小时，可以用来替代小型接触器，比如电动卷闸门和一些小家电的控制。这样的优点是不仅可以起到控制的目的，而且可以节省空间，使电器的控制部分做得比较小巧。

（2）增加触头数量

这是中间继电器最常见的用法。在控制系统中，线路中增加一个中间继电器，不仅不会改变控制形式，而且可以增加触头数量，便于维修。

（3）增加触头容量

中间继电器的触头容量虽然不是很大，但也具有一定的带负载能力，同时其驱动所需要的电流又很小，因此可以用中间继电器来扩大触头容量。

（4）转换接点类型

在工业控制线路中，常常会出现这样的情况，控制要求需要使用接触器的常闭触头才能达到控制目的，但是接触器本身所带的常闭触头已经用尽，无法完成控制任务。这时可以将一个中间继电器与原来的接触器线圈并联，用中间继电器的常闭触头去控制相应的元件，转换一下触头类型，达到需要的控制目的。

（5）用作开关

在一些控制线路中，一些电器元件的通断常使用中间继电器，用其触头的开闭来控制。例如，电视机或显示器中常见的消磁电路，晶体管控制中间继电器的通断，从而达到控制消磁线圈通断的目的。

（6）转换电压

在工业控制线路中电压是 DC24V。接触器 KM2 需控制电磁阀 KT 的通断，而电磁阀的线圈电压是 AC220V。安装一个中间继电器,通过中间继电器来控制电磁阀。这样做可以将直流与交流、高压与低压分开. 便于以后的维修。

(7) 消除电路中的干扰

在工业控制或计算机控制线路中,虽然有各种各样的干扰抑制措施,但干扰现象还是存在着。在内部加入一个中间继电器,可以达到消除干扰的目的。

二、识读电路图

自耦变压器减压起动控制线路如图 7-7 所示。

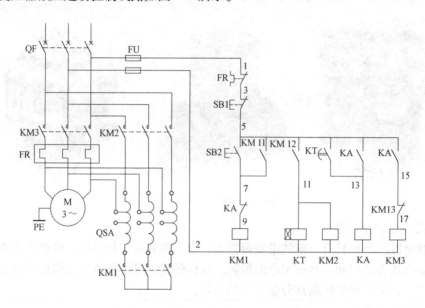

图 7-7 自耦变压器减压起动控制线路

 引导问题:

简述该线路的工作原理。

_____

_____

_____

_____

_____

🌐 小提示

1. 控制过程

1) 闭合电源开关 QF 接通三相电源。

2) 按下起动按钮 SB2,交流接触器 KM1 线圈通电吸合并自锁,其主触头闭合,将自耦变压器线圈接成星形,与此同时由于 KM1 辅助常开触头闭合,接触器 KM2 线圈通电吸合,KM2 的主触头闭合,将三相电源电压的一部分电压经由自耦变压器接入电动机,此时电动机为减压运行。

3）KM1 辅助常开触头闭合，时间继电器 KT 线圈通电，并按已整定好的时间开始计时，当时间到达后，KT 的延时常开触头闭合，中间继电器 KA 线圈通电吸合并自锁。

4）KA 线圈通电，其常闭触头断开使 KM1 线圈断电，KM1 常开触头全部释放，主触头断开，使自耦变压器星形联结的公共端打开；同时 KM2 线圈断电，其主触头断开，切断自耦变压器电源。KA 的常开触头闭合，通过 KM1 已经复位的常闭触头，使 KM3 线圈得电吸合，KM3 主触头接通电动机全压运行。

5）KM1 的常开触头断开同时导致时间继电器 KT 线圈断电，其延时闭合触头释放，保证了在电动机起动任务完成后，时间继电器 KT 处于断电状态。

6）欲停车时，可按 SB1 则控制回路全部断电，电动机切除电源而停转。

2. 安装与调试

1）电动机自耦减压电路，适用于任何接法的三相笼型异步电动机。

2）自耦变压器的功率应与电动机的功率一致，如果小于电动机的功率，自耦变压器会因起动电流过大发热过高，损坏绝缘，烧毁绕组。

3）对照原理图核对接线，要逐相的检查核对线号。防止接错线和漏接线。

4）由于起动电流很大，应认真检查主回路端子接线的压接是否牢固，有无虚接现象。

5）空载试验：拆下热继电器 FR 与电动机端子的连接线，接通电源，按下 SB2，KM1 与 KM2 动作吸合，KM3 与 KA 不动作。时间继电器的整定时间到，KM1 和 KM2 释放，KA 和 KM3 动作吸合切换正常，反复试验几次检查线路的可靠性。

6）带电动机试验：经空载试验无误后，恢复热继电器与电动机的接线。带电动机试验中应注意起动与运行的接换过程，注意电动机的声音，电动机起动是否困难，有无异常情况，如有异常情况应立即停车处理。

7）再次起动：自耦减压起动电路不能频繁操作，如果第一次起动不成功，第二次起动应间隔 4min 以上；如果在 60s 内连续起动两次仍未成功，应停电 4h 再次起动运行，这是为了防止自耦变压器绕组内起动电流太大而发热损坏自耦变压器的绝缘。

三、绘制电器布置图和电气接线图

1. 绘制电器布置图

2. 绘制电气接线图

小提示

根据自耦减压起动器原理图和实际情况，绘制电气接线图。参考图7-8。

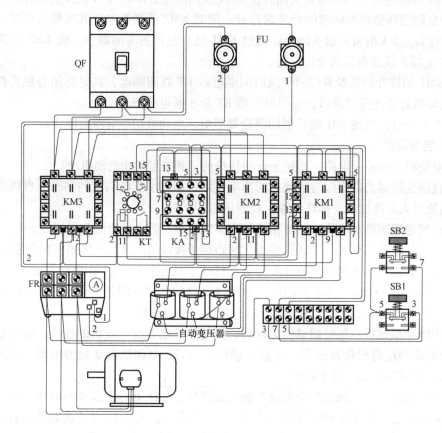

图7-8　接线图

四、制订工作计划

"自耦变压器减压起动控制线路的装调"
学习任务工作计划

1. 人员分工

1）小组负责人：＿＿＿＿＿＿＿

2）小组成员及分工

姓名	分工

---

2. 工具及材料清单

序号	工具或材料名称	单位	数量	备　注

3. 工序及工期安排

序号	工作内容	完成时间	备注

4. 安全防护措施

注：根据任务书。需要先拆除旧有线路，再接新的线路。

学习活动3　现场施工

学 习 目 标

1. 能按图纸、工艺要求、安全规范和设备要求，安装元器件。
2. 正确安装自耦减压起动控制线路。
3. 能正确使用万用表进行线路检测，完成通电试车。
4. 施工完毕能清理现场，能填写工作记录并交付验收。

学 习 过 程

本活动的基本施工步骤如下：

元器件定位→安装元器件→按规范接线→自检→通电试车（调试)→交付验收。

本工作任务中基本不涉及新元件，安装工艺、步骤、方法及要求与学习任务一基本相同。对照前面任务中电气设备控制线路的安装步骤和工艺要求，完成安装任务。

一、根据接线图和布线工艺要求完成布线

安装过程中遇到了哪些问题？你是如何解决的？记录在表 7-3 中。

表 7-3　问题记录表

所遇问题	解决方法

小提示

1）时间继电器和热继电器的整定值，应在不通电时预先整定好，并在试车时校正。

2）时间继电器在断电后，动铁心释放时的运动方向应垂直向下。

3）电动机和自耦变压器的金属外壳及时间继电器的金属底板必须可靠接地，并应将接地线接到指定的接地螺钉上。

4）自耦变压器要安装在箱体内，否则，应采取遮护或隔离措施，并在进、出线的端子上进行绝缘处理，以防止发生触电事故。

5）若无自耦变压器时，可采用两组灯箱来分别代替电动机和自耦变压器进行模拟试验，但三相规格必须相同，如图 7-9 所示。

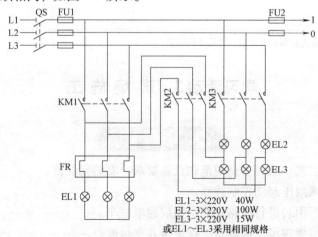

图 7-9　用灯箱进行模拟试验电路图

6）布线时要注意电路中 KM2 与 KM3 的相序不能接错，否则，会使电动机的转向在工作时与起动时相反。

7）通电试车时，必须有指导教师在现场监护，确保用电安全。同时，要做到安全文明生产。

二、自检

引导问题：

写出自检过程。

_____

_____

_____

_____

_____

三、通电试车

引导问题：

断电检查无误后，经指导老师同意，通电试车，观察电动机的运行状态，测量相关技术参数，若存在故障，及时处理。电动机运行正常无误，交付验收人员检查。

通电试车过程中，若出现异常现象，应立即停车检修。表7-4 所示为故障检修步骤，按照步骤提示，在指导老师指导下进行检修操作，并记录操作过程和测试结果。

表7-4　故障检修步骤

检修步骤	过程记录
观察记录故障现象	
分析故障原因,确定故障范围(通电操作,注意观察故障现象,根据故障现象分析故障原因,首先确定故障点是在主电路还是控制电路)	
依据电气线路的工作原理和观察到的故障现象,在电路图上进行分析,确定最小故障范围	
在故障检查范围中,采用逻辑分析及正确的测量方法,迅速查找故障并排除	
通电试车	

四、项目验收

以小组为单位认真完善自耦变压器减压起动控制线路工作任务联系单中内容。

学习活动4　工作总结和评价

学 习 目 标

1. 能以小组形式，对学习过程和实训成果进行汇报总结。
2. 完成对学习过程的综合评价。

学 习 过 程

一、工作总结

以小组为单位，选择演示文稿、展板、海报、录像等形式中的一种或几种，向全班展示、汇报学习成果。

二、综合评价

评价表

评价项目	评价内容	评价标准	评价方式		
			自我评价	小组评价	教师评价
职业素养	安全意识、责任意识	A　作风严谨、自觉遵章守纪、出色完成工作任务 B　能够遵守规章制度、较好完成工作任务 C　有忽视规章制度的行为,勉强完成工作任务或未完成工作任务 D　不遵守规章制度、没完成工作任务			
	学习态度主动	A　积极参与教学活动,全勤 B　缺勤达本任务总学时的10% C　缺勤达本任务总学时的20% D　缺勤达本任务总学时的30%			
	团队合作意识	A　与同学协作融洽、团队合作意识强 B　与同学能沟通、协同工作能力较强 C　与同学能沟通、协同工作能力一般 D　与同学沟通困难、协同工作能力较差			
专业能力	学习活动1明确工作任务	A　按时、完整地工作页,问题回答正确,图纸绘制准确 B　按时、完整地工作页,问题回答基本正确,图纸绘制基本准确 C　未能按时完成工作页,或内容遗漏、错误较多 D　未完成工作页			
	学习活动2施工前的准备	A　学习活动评价成绩为90~100分 B　学习活动评价成绩为75~89分 C　学习活动评价成绩为60~75分 D　学习活动评价成绩为0~60分			

（续）

评价项目	评价内容	评价标准	评价方式		
			自我评价	小组评价	教师评价
专业能力	学习活动3 现场施工	A　学习活动评价成绩为90~100分 B　学习活动评价成绩为75~89分 C　学习活动评价成绩为60~75分 D　学习活动评价成绩为0~60分			
创新能力		学习过程中提出具有创新性、可行性的建议	加分奖励：		
班级		学号			
姓名		综合评价等级			
指导教师		日期			

学习任务 8　电磁抱闸制动器通电制动控制线路的装调

学习目标

1. 能通过阅读工作任务联系单和现场勘察，明确工作任务要求。
2. 能正确描述电磁抱闸制动器的功能和结构。
3. 能根据电磁抱闸制动器通电制动控制线路的电路图，选用安装所用的工具、仪表及器材。
4. 能正确识读电气原理图、绘制电器布置图、电气接线图，明确控制器件的动作过程和控制原理。
5. 能按图样、工艺要求、安全规范和设备要求，安装元器件，按图接线，实现电磁抱闸制动器断电制动控制线路的正确连接。
6. 能正确使用仪表进行测试检查，验证电路安装的正确性，能按照安全操作规程正确通电试车。
7. 能正确标注有关控制功能的铭牌标签。
8. 能按照管理规定在施工后清理施工现场。

工作任务描述

　　学校生产实习合作单位某热力公司泵站的两台减压起动器线路老化，无法正常工作，需重新更换元器件和线路配线，并重新安装两台电磁抱闸制动器通电制动控制线路实训台。

工作流程与活动

1. 明确工作任务。
2. 施工前的准备。
3. 现场施工。
4. 工作总结与评价。

学习活动 1　明确工作任务

学习目标

1. 能阅读"实训台电气线路的装调"工作任务联系单。
2. 能明确工时、工艺要求。
3. 能明确个人任务要求。
4. 了解制动原理。

学习过程

阅读工作任务联系单，见表 8-1，说出本次任务的工作内容、时间要求及交接工作的相关负责人等信息，并根据实际情况补充完整。

表 8-1　工作任务联系单

流水号：2011-01-037

类别:水□　电□　暖□　土建□　其他□　　　　　　　　　　日期:2015 年 11 月 2 日

安装地点	永阳热力公司水泵站		
安装项目	水泵控制配电箱的安装—电磁抱闸制动器断电制动控制线路		
需求原因	热力公司需求		
申报时间	2015 年 11 月 2 日	完工时间	2015 年 11 月 6 日
申报单位	永阳热力公司	安装单位	电气工程系
验收意见		安装单位电话	89896666
验收人		承办人	
申报人电话	89895555	承办人电话	
泵站负责人	崔洋	泵站负责人电话	89894444

引导问题：

1. 什么是制动？制动原理是什么？

2. 制动的方式有哪些?

_____

_____

_____

 小提示

1. 概述

电动机断开电源以后,由于惯性作用不会马上停止转动,而是需要转动一段时间才会完全停下来。这种情况对于某些生产机械是不适宜的。例如,起重机的吊钩需要准确定位;万能铣床要求立即停转等。满足生产机械的这种要求就需要对电动机进行制动。

所谓制动,就是给电动机一个与转动方向相反的转矩使它迅速停转(或限制其转速)。制动的方法一般有两类:机械制动和电气制动。

2. 制动的方法

(1)机械制动

机械制动是采用机械装置使电动机断开电源后迅速停转的制动方法。机械制动常用的方法有电磁抱闸制动器制动和电磁离合器制动。

(2)电气制动

电气制动是电动机在切断电源的同时给电动机一个和实际转向相反的电磁力矩(制动力矩),使电动迅速停止的制动方法。最常用的方法有:反接制动和能耗制动。

1)反接制动。电动机切断正常运转电源的同时改变电动机定子绕组的电源相序,使之有反转趋势而产生较大的制动力矩。

当电动机的转速接近零时,应立即切断反接转制动电源,否则电动机会反转。实际控制中采用速度继电器来自动切除制动电源。

2)能耗制动。电动机切断交流电源的同时给定子绕组的任意二相加直流电源,以产生静止磁场,依靠转子的惯性转动切割该静止磁场产生制动力矩。

能耗制动平稳、准确,能量消耗小,但需附加直流电源装置,设备投资较高,制动力较弱,在低速时制动力矩小。能耗制动主要用于制动容量较大的电动机、制动频繁的场合或制动准确、平稳的设备,如磨床、立式铣床等的控制,但不适合用于紧急制动停车。能耗制动还可用时间继电器代替速度继电器进行制动控制。

学习活动 2　施工前的准备

学 习 目 标

1. 认识本任务所用制动器,能描述它们的结构、工作原理、用途、型号及应用场合。
2. 能准确识读电器元件符号。
3. 能对电器元件进行检测。
4. 能识读电气原理图,了解电路的工作原理。
5. 能正确绘制电器布置图和接线图。

一、认识元器件

引导问题:

1. 什么是电磁抱闸制动器?

_____

_____

2. 电磁铁和制动器的型号及其含义是什么?

_____

_____

3. 电磁抱闸制动器是由哪些部分组成的?

_____

_____

_____

小提示

利用机械装置使电动机断开电源后迅速停转的方法叫机械制动。机械制动常用的方法有电磁抱闸制动器制动和电磁离合器制动。两者的制动原理类似,控制电路也基本相同。下面以电磁抱闸制动器为例,介绍其制动原理。

图 8-1 所示为常用的 MZD1 系列交流制动电磁铁与 TJ2 系列闸瓦制动器的外形,它们配合使用共同组成电磁抱闸制动器,其结构如图 8-2a 所示,符号如图 8-2b 所示。制动电磁铁由铁心、衔铁和线圈三部分组成。闸瓦制动器包括闸轮、闸瓦、杠杆和弹簧。电磁抱闸制动器分为断电制动型和通电制动型两种。断电制动型的工作原理如下:当制动电磁铁的线圈得电时,制动器的闸瓦与闸轮分开,无制动作用;当线圈失电时,制动器的闸瓦紧紧抱住闸轮制动。通电制动型的工作原理如下:当制动电磁铁的线圈得电时,闸瓦紧紧抱住闸轮制动;当线圈失电时,制动器的闸瓦与闸轮分开,无制动作用。

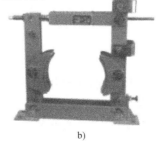

a)　　　　　　　　　　　　　b)

图 8-1　制动电磁铁与闸瓦制动器

a) MZD1 系列交流制动电磁铁　b) TJ2 系列闸瓦制动器

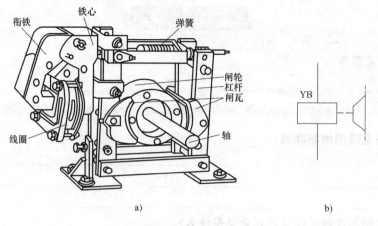

图 8-2　电磁抱闸制动器

a）结构　b）符号

TJ2 系列闸瓦制动器与 MZD1 系列交流制动电磁铁的配用见表 8-2。

表 8-2　TJ2 系列闸瓦制动器与 MZD1 系列交流制动电磁铁的配用表

制动器型号	制动力矩/(N·m)		闸瓦退距/mm	调整杆行程/mm	电磁铁型号	电磁铁转距/(N·m)	
	通电持续率为25%或40%	通电持续为100%	正常/最大	开始/最大		通电持续率为25%或40%	通电持续为100%
TJ2-100	20	10	0.4/0.6	2/3	MZD1-100	5.5	3
TJ2-200/100	40	20	0.4/0.6	2/3	MZD1-200	5.5	3
TJ2-200	160	80	0.5/0.8	2.5/3.8	MZD1-200	40	20
TJ2-300/200	240	120	0.5/0.8	2.5/3.8	MZD1-200	40	20
TJ2-300	500	200	0.7/1	3/4.4	MZD1-300	100	40

电磁铁和制动器的型号及含义如图 8-3 所示。

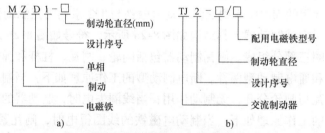

图 8-3　电磁铁和制动器的型号及含义

a）电磁铁　b）制动器

二、识读电路图

电磁抱闸制动器断电制动控制线路如图 8-4 所示，线路工作原理如下。

起动运转：先合上电源开关 QS。按下起动按钮 SB1，接触器 KM 线圈得电，其自锁触头和主触头闭合，电动机 M 接通电源，同时电磁抱闸制动器 YB 线圈得电，衔铁与铁心吸合，衔铁克服弹簧拉力，迫使杠杆向上移动，从而使制动器的闸瓦与闸轮分开，电动机正常运转。

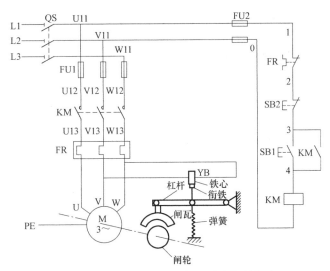

图 8-4　电磁抱闸制动器断电制动控制线路

制动停转：按下停止按钮 SB2，接触器 KM 线圈失电，其自锁触头和主触头分断，电动机 M 失电，同时电磁抱闸制动器 YB 线圈也失电，衔铁与铁心分开，在弹簧拉力的作用下，制动器的闸瓦紧紧抱住闸轮，使电动机被迅速制动而停转。

电磁抱闸制动器断电制动在起重机械上被广泛采用。其优点是能够准确定位，同时可防止电动机突然断电时，重物自行坠落。缺点是不经济，因为电磁抱闸制动器线圈耗电时间与电动机一样长。另外，由于电磁抱闸制动器在切断电源后的制动作用，使手动调整工件很困难，因此，对要求电动机制动后能调整工件位置的机床设备，可采用通电制动控制线路。

电磁抱闸制动器通电制动控制线路如图 8-5 所示。这种通电制动与上述断电制动方法稍有不同。当电动机得电运转时，电磁抱闸制动器线圈断电，闸瓦与闸轮分开，无制动作用；当电动机失电需停转时，电磁抱闸制动器的线圈得电，使闸瓦紧紧抱住闸轮制动；当电动机处于停转状态时，线圈也不通电，闸瓦与闸轮分开，这样操作人员可以用手扳动主轴调整工件、对刀等。

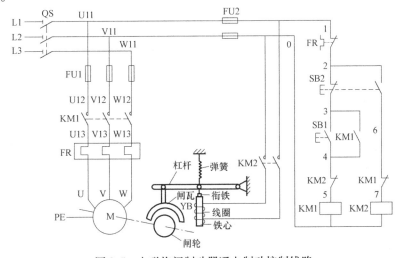

图 8-5　电磁抱闸制动器通电制动控制线路

引导问题：

1. 请写出电磁抱闸制动器的结构？

_____

_____

2. 电磁抱闸制动器在线路中的作用是什么？

_____

_____

 小提示

1. 线路的电流共电回路

（1）主电路

$$主电路 \begin{cases} L1 \to QS① \to FU1① \to KM1① \to FR① \to M3U \\ L2 \to QS② \to FU1② \to KM1② \to FR② \to M3V \\ L3 \to QS③ \to FU1③ \to KM1⑤ \to FR③ \to M3W \end{cases}$$

（2）控制电路

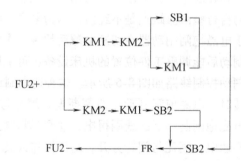

2. 线路中各元件的名称及作用

（1）主电路

→ 1) L1、L2、L3为三相电源：将电能转化为机械能。

→ 2) QS为刀开关：通断总电路。

→ 3) FU1为螺旋式熔断器：作为主电路的短路保护。

→ 4) KM1为接触器常开主触头：通断主电路。

→ 5) FR为热元件：过载保护。

→ 6) M为三相异步电动机：将电能转化为机械能。

→ 7) KM2为制动控制接触器主开主触头：控制YB线电路的通断。

→ 8) YB为电磁抱闸制动控制器线圈：通电制动。

（2）控制电路

→ 1）FU2为螺旋式熔断器：作控制电路的短路保护。

→ 2）KM1为正转控制接触器线圈：产生磁场。

→ 3）KM2为制动控制接触器常闭辅助：制动互锁。

→ 4）SB1为起动按钮：起动控制。

→ 5）KM为接触器的工辅助触头：自锁。

→ 6）SB2为复合按钮常闭触头：停止控制。

→ 7）FR为热继电器的常闭触头：过载保护。

→ 8）KM2为制动控制接触器线圈：产生磁场。

→ 9）KM1为正转控制控制接触器常闭辅助触头：互锁。

→ 10）SB为复合按钮常开触头：控制KM2线圈电路的通断。

3. 线路的控制原理

（1）正转起动

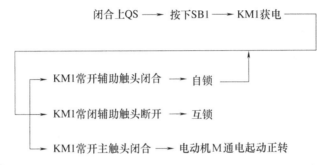

（2）停止制动

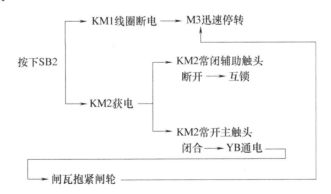

三、绘制电器布置图和接线图

1. 绘制电器布置图

2. 绘制电气接线图

四、制订工作计划

"电磁抱闸制动器通电制动控制线路的装调"
学习任务工作计划

1. 人员分工

1）小组负责人：_____

2）小组成员及分工

姓名	分工

2. 工具及材料清单

序号	工具或材料名称	单位	数量	备　注

3. 工序及工期安排

序号	工作内容	完成时间	备注

4. 安全防护措施

注：根据任务书。需要先拆除旧有线路，再接新的线路。

学习活动 3　现 场 施 工

学 习 目 标

1. 能按图样、工艺要求、安全规范和设备要求，安装元器件。
2. 正确安装电磁抱闸制动器通电制动控制线路。
3. 能正确使用万用表进行线路检测，完成通电试车。
4. 施工完毕能清理现场，能填写工作记录并交付验收。

学 习 过 程

本活动的基本施工步骤如下：

元器件定位→安装元器件→按规范接线→自检→通电试车（调试）→交付验收。

本工作任务中基本不涉及新元件，安装工艺、步骤、方法及要求与学习任务一基本相同。对照前面任务中电气设备控制线路的安装步骤和工艺要求，完成安装任务。

一、根据接线图和布线工艺要求完成布线

安装过程中遇到了哪些问题？你是如何解决的？记录在表 8-3 中。

表 8-3　问题记录表

所遇问题	解决方法

 小提示

1）电磁抱闸制动器必须与电动机一起安装在固定的底座或座墩上，其地脚螺栓必须拧紧，且有放松措施。电动机轴伸出端上的制动闸轮，必须与闸瓦制动器的抱闸机构在同一平面上，而且轴心要一致。

2）电磁抱闸制动器安装后，必须在切断电源的情况下先进行粗调，然后在通电试车时再进行微调。粗调时以在断电状态下外力转不动电动机的转轴，而当用外力将制动电磁铁吸合后，电动机转轴能自由转动为合格；微调时以通电带负载运行状态下，电动机转动自如，闸瓦与闸轮不摩擦、不过热，断电时又能立即制动为合格。

二、自检

引导问题：

写出自检过程。

三、通电试车

引导问题:

断电检查无误后,经指导老师同意,通电试车,观察电动机的运行状态,测量相关技术参数,若存在故障,及时处理。电动机运行正常无误,交付验收人员检查。

通电试车过程中,若出现异常现象,应立即停车检修。表 8-4 所示为故障检修步骤,按照步骤提示,在指导老师指导下进行检修操作,并记录操作过程和测试结果。

表 8-4　故障检修步骤

检修步骤	过程记录
观察记录故障现象	
分析故障原因,确定故障范围(通电操作,注意观察故障现象,根据故障现象分析故障原因,首先确定故障点是在主电路还是控制电路)	
依据电气线路的工作原理和观察到的故障现象,在电路图上进行分析,确定最小故障范围	
在故障检查范围中,采用逻辑分析及正确的测量方法,迅速查找故障并排除	
通电试车	

四、项目验收

以小组为单位认真完善电磁抱闸制动器通电制动控制线路工作任务联系单中内容。

学习活动 4　工作总结和评价

学习目标

1. 能以小组形式,对学习过程和实训成果进行汇报总结。

2. 完成对学习过程的综合评价。

学 习 过 程

一、工作总结

以小组为单位，选择演示文稿、展板、海报、录像等形式中的一种或几种，向全班展示、汇报学习成果。

二、综合评价

评价表

评价项目	评价内容	评价标准	自我评价	小组评价	教师评价
职业素养	安全意识、责任意识	A 作风严谨、自觉遵章守纪、出色完成工作任务 B 能够遵守规章制度、较好完成工作任务 C 有忽视规章制度的行为、勉强完成工作任务 D 不遵守规章制度、没完成工作任务			
	学习态度主动	A 积极参与教学活动，全勤 B 缺勤达本任务总学时的 10% C 缺勤达本任务总学时的 20% D 缺勤达本任务总学时的 30%			
	团队合作意识	A 与同学协作融洽、团队合作意识强 B 与同学能沟通、协同工作能力较强 C 与同学能沟通、协同工作能力一般 D 与同学沟通困难、协同工作能力较差			
专业能力	学习活动1明确工作任务	A 按时、完整地工作页，问题回答正确，图纸绘制准确 B 按时、完整地工作页，问题回答基本正确，图纸绘制基本准确 C 未能按时完成工作页，或内容遗漏、错误较多 D 未完成工作页			
	学习活动2施工前的准备	A 学习活动评价成绩为 90～100 分 B 学习活动评价成绩为 75～89 分 C 学习活动评价成绩为 60～75 分 D 学习活动评价成绩为 0～60 分			
	学习活动3现场施工	A 学习活动评价成绩为 90～100 分 B 学习活动评价成绩为 75～89 分 C 学习活动评价成绩为 60～75 分 D 学习活动评价成绩为 0～60 分			
创新能力		学习过程中提出具有创新性、可行性的建议	加分奖励：		
班级			学号		
姓名			综合评价等级		
指导教师			日期		

学习任务 9　三相异步电动机单向起动反接制动控制线路的装调

学习目标

1. 能通过阅读工作任务联系单和现场勘察，明确工作任务要求。
2. 能正确描述三相异步电动机单向起动反接制动的原理。
3. 能根据单向起动反接制动控制线路的电路图，选用安装所用的工具、仪表及器材。
4. 能正确识读电气原理图、绘制安装图、接线图，明确控制器件的动作过程和控制原理。
5. 能按图样、工艺要求、安全规范和设备要求，安装元器件，按图接线，实现单向起动反接制动控制线路的正确连接。
6. 能正确使用仪表进行测试检查，验证电路安装的正确性，能按照安全操作规程正确通电试车。
7. 能正确标注有关控制功能的铭牌标签。
8. 能按照管理规定在施工后清理施工现场。

工作任务描述

某工厂车间有大量机床，为保证设备的正常运行，需要定期巡检并检测电动机的电气箱设备。由于原来的电气箱年久失修，电气部分严重老化无法正常工作，需要重新装配 10 台。通过完成此任务，可以掌握三相异步电动机单向起动反接制动控制线路的控制原理和安装调试流程。

工作流程与活动

1. 明确工作任务。
2. 施工前的准备。

3. 现场施工。

4. 工作总结与评价。

学习活动1 明确工作任务

学习目标

1. 能阅读"实训台电气线路的装调"工作任务联系单。
2. 能明确工时、工艺要求。
3. 能明确个人任务要求。
4. 了解什么是反接制动。

学习过程

阅读工作任务联系单，见表9-1，说出本次任务的工作内容、时间要求及交接工作的相关负责人等信息，并根据实际情况补充完整。

表9-1 工作任务联系单

任务名称	三相异步电动机单向起动反接制动控制线路	委托方	学校校办工厂机加工车间
任务技术描述	三相异步电动机单向起动反接制动控制线路工作台 共需十台	施工时间	2015年11月9日—11月13日
		施工地址	学校校办工厂机加工车间
申报单位电话	89895555	安装单位电话	89894444
技术协议	教师验收		

 引导问题：

反接制动原理是什么？

_____

_____

_____

小提示

在图9-1a所示电路中，当QS向上闭合时，电动机定子绕组电源电压相序为L1-L2-L3，电动机将沿旋转磁场方向，以 $n < n_1$ 的转速正常运转。

当电动机需要停转时，向上闭合开关QS，电动机先脱离电源（此时转子由于惯性仍按原方向旋转）。随后，将开关QS迅速向下闭合，使L1、L2两相电源线对调，电动机定子绕组电源电压相序变为L2-L1-L3，旋转磁场反转（如图9-1b所示中的逆时针方向），此时转

子将以 $n_1 + n$ 的相对转速沿原转动方向切割旋转磁场，在转子绕组中产生感应电流，用右手定则判断出其方向如图 9-1b 所示。而转子绕组一旦产生感应电流，将受到旋转磁场的作用，产生电磁转矩，其方向可用左手定则判断出来，如图 9-1b 所示。此转矩方向与电动机的转动方向相反，电动机受制动迅速停转。

反接制动是依靠改变电动机定子绕组的电源相序来产生制动力矩，迫使电动机迅速停转。当电动机转速接近零值时，应立即切断电动机电源，否则电动机将反

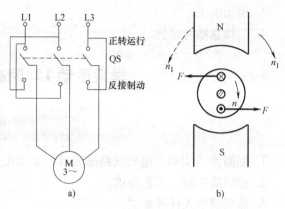

图 9-1　反接制动原理图

转。因此，在反接制动设施中，为确保电动机的转速被制动到接近零值时，能迅速切断电源，防止电动机反向起动，常利用速度继电器来自动及时切断电源。

学习活动 2　施工前的准备

学习目标

1. 认识本任务所用制动器，能描述它们的结构、工作原理、用途、型号及应用场合。
2. 能准确识读电器元件符号。
3. 能对电器元件进行检测。
4. 能识读电气原理图，了解电路的工作原理。
5. 能正确绘制电器布置图和接线图。

学习过程

一、认识元器件

引导问题：

1. 简述速度继电器的使用场合和工作原理？

_____

_____

_____

2. 速度继电器在反接制动中是如何使用的？

_____

_____

_____

_____

1. 概述

速度继电器可以按照被控电动机转速的高低接通或断开控制电路。其主要作用是与接触器配合使用，实现对电动机的反接制动，故又称为反接制动继电器。速度继电器是当转速达到规定值时触头动作的继电器，主要用于电动机反接制动控制线路中，当反接制动的转速下降到接近零时能自动地及时切断电源。机床上常用的速度继电器有 JY1 型、JFZ0 型两种。一般速度继电器的动作转速为 120r/min，触头复位转速为 100r/min 以下。在自动控制中，有时需要根据电动机转速的高低来接通和分断某些线路，例如鼠笼式电动机的反接制动，当电动机的转速降到很低时应立即切断电流，防止电动机反向起动。这种动作就需要速度继电器来实现。

2. 型号及含义

以 JFZ0 为例，介绍速度继电器的型号及含义，如图 9-2 所示。

3. 速度继电器的结构

速度继电器结构示意图如图 9-3 所示。

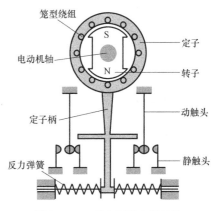

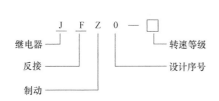

图 9-2　速度继电器型号及含义

图 9-3　JY 型速度继电器结构

速度继电器主要由转子、定子和触头系统三部分组成。转子是一个圆柱形永久磁铁，能绕轴转动，且与被控电动机同轴。定子是一个笼型空心圆环，由硅钢片叠成，并装有笼型绕组。触头系统由两组转换触头组成，分别在转子正转和反转时动作。

转子是一块固定在轴上的永久磁铁。浮动的定子与转子同心，而且能独自偏摆，定子由硅钢片叠成，并装有笼型绕组。速度继电器的轴与电动机轴相连，电动机旋转时，转子随之一起转动，形成旋转磁场。笼型绕组切割磁感线而产生感应电流，感应电流与旋转磁场作用产生电磁转矩，使定子随转子向转子的转动方向偏摆，定子柄推动相应触头动作。定子柄推动触头的同时，也压缩反力弹簧，其反作用阻止定子继续转动。当转子的转速下降到一定数值时，电磁转矩小于反力弹簧的反作用力矩，定子返回原来位置，对应的触头恢复原始状态。调整反力弹簧的拉力即可改变触头动作的转速。

二、识读电路图

图 9-4 所示三相异步电动机单向起动反接制动控制线路的主电路和正反转控制线路的主

电路相同，只是在反接制动时增加了三个限流电阻 R，线路中 KM1 为正转运行接触器，KM2 为反接制动接触器，KS 为速度继电器，其轴与电动机轴相连。

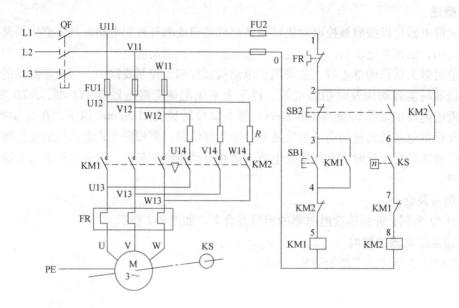

图 9-4 三相异步电动机单向起动反接制动控制线路

引导问题：

简述电路的工作原理？

_____

_____

_____

_____

_____

小提示

　　反接制动的优点是制动力强、反应迅速。缺点是制动准确性差，制动过程中冲击强烈，易损坏传动零件，制动能量消耗大，不宜经常制动。因此，反接制动一般适用于制动要求迅速、系统惯性较大、不经常起动与制动的场合，如铣床、镗床、中型车床等主轴的制动控制。

　　反接制动是常用的电气制动方法之一。进行反接制动时，由于反向旋转磁场的方向和电动机转子惯性旋转的方向相反，因而转子与反向旋转磁场的相对速度接近于两倍同步转速，所以转子电流很大，定子绕组中的电流也很大。其定子绕组中的反接制动电流相当于全压起动时电流的两倍。为减小制动冲击和防止电动机过热，应在电动机定子电路中串接一定阻值的反接制动电阻。

　　线路的工作原理如下：先合上电源开关 QF。

1. 单向起动

2. 反接制动

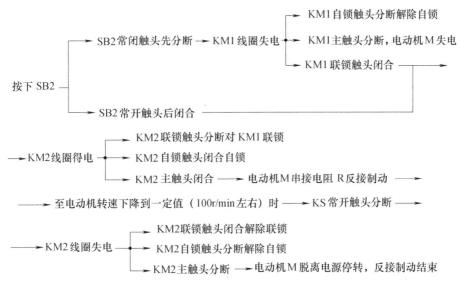

　　反接制动时，由于旋转磁场与转子的相对转速（$n_1 + n$）很高，故转子绕组中感应电流很大，致使定子绕组中的电流很大，一般约为电动机额定电流的 10 倍左右。因此，反接制动适用于 10kW 以下小容量电动机的制动，并且对 4.5kW 以上的电动机进行反接制动时，需在定子绕组回路中串入限流电阻 R，以限制反接制动电流。限流电阻 R 的大小可参考下述经验计算公式估算。

　　在电源电压 380V 时，若要使反接制动电流等于电动机直接起动时起动电流的 $\dfrac{1}{2}$，即 $I_{st}/2$，则三相电路每相应串入的电阻 R 值可取为：

$$R \approx 1.5 \times \frac{220}{I_{st}}$$

　　若要使反接制动电流等于起动电流 I_{st}，则三相电路每相应串入的电阻 R' 值可取为：

$$R' \approx 1.3 \times \frac{220}{I_{st}}$$

　　如果反接制动时，只在电源两相中串接电阻，则电阻值应加大，分别取上述电阻值的 1.5 倍。

三、绘制电器布置图和接线图

1. 绘制电器布置图

2. 绘制电气接线图

小提示

绘制接线图，单向起动反接制动控制线路参考接线图如图 9-5 所示。

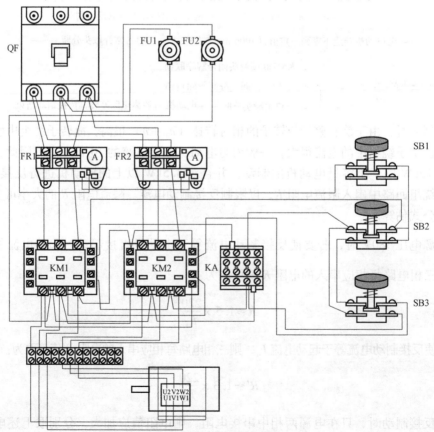

图 9-5　单向起动反接制动控制线路参考接线图

四、制订工作计划

"三相异步电动机单向起动反接制动控制线路的装调"
学习任务工作计划

1. 人员分工

1）小组负责人：＿＿＿＿＿＿＿

2）小组成员及分工

姓名	分工

2. 工具及材料清单

序号	工具或材料名称	单位	数量	备　注

3. 工序及工期安排

序号	工作内容	完成时间	备注

4. 安全防护措施

注：根据任务书。需要先拆除旧有线路，再接新的线路。

学习活动3　现场施工

学习目标

1. 能按图样、工艺要求、安全规范和设备要求，安装元器件。
2. 正确安装单向起动反接制动控制线路。
3. 能正确使用万用表进行线路检测，完成通电试车。
4. 施工完毕能清理现场，能填写工作记录并交付验收。

学习过程

本活动的基本施工步骤如下：

元器件定位→安装元器件→按规范接线→自检→通电试车（调试）→交付验收。

本工作任务中基本不涉及新元件，安装工艺、步骤、方法及要求与学习任务一基本相同。对照前面任务中电气设备控制线路的安装步骤和工艺要求，完成安装任务。

一、根据接线图和布线工艺要求完成布线

安装过程中遇到了哪些问题？你是如何解决的？记录在表9-2中。

表9-2　问题记录表

所遇问题	解决方法

二、自检

引导问题：

写出自检过程。

_____

_____

_____

_____

_____

三、通电试车

引导问题：

断电检查无误后，经指导老师同意，通电试车，观察电动机的运行状态，测量相关技术参数，若存在故障，及时处理。电动机运行正常无误，交付验收人员检查。

通电试车过程中，若出现异常现象，应立即停车检修。表9-3所示为故障检修步骤，按照步骤提示，在指导老师指导下进行检修操作，并记录操作过程和测试结果。

表9-3　故障检修步骤

检修步骤	过程记录
观察记录故障现象	
分析故障原因，确定故障范围（通电操作，注意观察故障现象，根据故障现象分析故障原因，首先确定故障点是在主电路还是控制电路）	
依据电气线路的工作原理和观察到的故障现象，在电路图上进行分析，确定最小故障范围	
在故障检查范围中，采用逻辑分析及正确的测量方法，迅速查找故障并排除	
通电试车	

四、项目验收

以小组为单位认真完善三相异步电动机单向起动反接制动控制线路工作任务联系单中内容。

学习活动4　工作总结和评价

学习目标

1. 能以小组形式，对学习过程和实训成果进行汇报总结。
2. 完成对学习过程的综合评价。

学习过程

一、工作总结

以小组为单位，选择演示文稿、展板、海报、录像等形式中的一种或几种，向全班展示、汇报学习成果。

二、综合评价

评价表

评价项目	评价内容	评价标准	评价方式		
			自我评价	小组评价	教师评价
职业素养	安全意识、责任意识	A 作风严谨、自觉遵章守纪、出色完成工作任务 B 能够遵守规章制度、较好完成工作任务 C 有忽视规章制度的行为，勉强完成工作任务 D 不遵守规章制度、没完成工作任务			
	学习态度主动	A 积极参与教学活动，全勤 B 缺勤达本任务总学时的 10% C 缺勤达本任务总学时的 20% D 缺勤达本任务总学时的 30%			
	团队合作意识	A 与同学协作融洽、团队合作意识强 B 与同学能沟通、协同工作能力较强 C 与同学能沟通、协同工作能力一般 D 与同学沟通困难、协同工作能力较差			
专业能力	学习活动1 明确工作任务	A 按时、完整地工作页，问题回答正确，图纸绘制准确 B 按时、完整地工作页，问题回答基本正确，图纸绘制基本准确 C 未能按时完成工作页，或内容遗漏、错误较多 D 未完成工作页			
	学习活动2 施工前的准备	A 学习活动评价成绩为 90~100 分 B 学习活动评价成绩为 75~89 分 C 学习活动评价成绩为 60~75 分 D 学习活动评价成绩为 0~60 分			
	学习活动3 现场施工	A 学习活动评价成绩为 90~100 分 B 学习活动评价成绩为 75~89 分 C 学习活动评价成绩为 60~75 分 D 学习活动评价成绩为 0~60 分			
创新能力		学习过程中提出具有创新性、可行性的建议	加分奖励：		
班级		学号			
姓名		综合评价等级			
指导教师		日期			

学习任务 10 双速电动机低速起动高速运转控制线路的装调

学习目标

1. 能通过阅读工作任务联系单和现场勘察,明确工作任务要求。
2. 能正确描述双速电动机的原理。
3. 能根据双速电动机控制线路的电路图,选用安装所用的工具、仪表及器材。
4. 能正确识读电气原理图、绘制安装图、接线图,明确控制器件的动作过程和控制原理。
5. 能按图样、工艺要求、安全规范和设备要求,安装元器件,按图接线,实现双速电动机控制线路的正确连接。
6. 能正确使用仪表进行测试检查,验证电路安装的正确性,能按照安全操作规程正确通电试车。
7. 能正确标注有关控制功能的铭牌标签。
8. 能按照管理规定在施工后清理施工现场。

工作任务描述

某工厂车间有大量机床,为保证设备的正常运行,需要定期巡检并检测电动机的电气箱设备。由于原来双速电动机电气箱年久失修,电气部分严重老化无法正常工作,需要重新装配 10 台。通过完成此任务,可以掌握双速电动机低速起动高速动转的控制原理和安装调试流程。

工作流程与活动

1. 明确工作任务。
2. 施工前的准备。
3. 现场施工。

4. 工作总结与评价。

学习活动 1   明确工作任务

学 习 目 标

1. 能阅读"实训台电气线路的装调"工作任务联系单。
2. 能明确工时、工艺要求。
3. 能明确个人任务要求。
4. 了解电动机调速方法。

学 习 过 程

阅读工作任务联系单

阅读工作任务联系单,见表 10-1,说出本次任务的工作内容、时间要求及交接工作的相关负责人等信息,并根据实际情况补充完整。

表 10-1   工作任务联系单

流水号: 2011-01-037

类别:水□   电□   暖□   土建□   其他   日期: 年   月   日

安装地点			
安装项目			
需求原因			
申报时间	年 月 日	完工时间	年 月 日
申报单位		安装单位	电气工程系
验收意见		安装单位电话	89896666
验收人		承办人	
申报人电话	89895555	承办人电话	
泵站负责人	崔洋	泵站负责人电话	89894444

引导问题:

1. 电动机调速的方法有哪些?

_____

_____

2. 各种调速方法的特点是什么?

_____

_____

_____

小提示

1. 简介

在机械生产中，广泛使用的电动机调速方法有：绕线式电动机的转子串电阻调速、斩波调速、串级调速以及应用电磁转差离合器、液力耦合器、油膜离合器等。

从调速时的能耗看，有高效调速与低效调速两种：高效调速指时转差率不变，即无转差损耗，如多速电动机、变频调速以及能将转差损耗回收的调速方法（如串级调速等）。有转差损耗的调速方法属于低效调速，如转子串电阻调速方法，能量损耗在转子回路中；电磁离合器调速方法，能量损耗在离合器线圈中；液力耦合器调速，能量损耗在液力偶合器的油中。

2. 调速方式

（1）调压调速

通过改变电动机定子电压来实现调速的方法称为调压调速。这种调速方法，对于单相电动机而言，可在 0～220V 电压之间进行调速；对于三相电动机，可在 0～380V 电压之间进行调速。调压用变压器，如果变压器的调压是有级的，电动机的调速也是有级的，如果变压器的调压是无级的，那么电动机调速也是无级的。

优点：可以将调速过程中产生的转差能量加以回馈利用。效率高；装置容量与调速范围成正比，适用于 70%～95% 的调速。

缺点：功率因数较低，有谐波干扰，正常运行时无制动转矩，适用于单相线运行的负载。

（2）变极调速

通过改变电动机定子绕组的接线方式来改变电动机的磁极对数，从而有级地改变同步转速，实现电动机有级调速的方法称为变极调速。这种调速方法适用于不需要无级调速的生产机械，如升降机、起重设备、风机、水泵等。

优点：无附加差基损耗，效率高；控制电路简单，易维修，价格低；与定子调压或电磁转差离合器配合可得到效率较高的平滑调速。

缺点：有级调速，不能实现无级平滑调速。且由于受到电动机结构和制造工艺的限制，通常只能实现 2～3 种极对数的有级调速，调速范围相当有限。

（3）变频调速

通过改变电动机定子端输入电源的频率，使之连续可调的来改变它的同步转速，实现电动机调速的方法称为变频调速。最节能高效的就是变频电动机，只是需要在电源部分安装变频器。

优点：无附加转差损耗，效率高，调速范围宽；对于低负载运行时间较多，或起停运行较频繁的场合，可以达到节电和保护电动机的目的。

缺点：技术较复杂，价格较高。

（4）电磁调速

通过电磁转差离合器来实现调速的方法称电磁调速。电磁调速异步电动机（俗称滑差电动机）是一种简单可靠的交流无级调速设备。电动机采用组合式结构，由拖动电动机、电磁转差离合器和测速发电机等部分组成，测速发电机作为测量输出转速的取样元件，是自动调节系统的组成部分。这类电动机的无级调速是通过电磁转差离合器来实现的。

优点：结构简单，控制装置容量小，价值便宜。运行可靠，易维修。无谐波干扰。

缺点：速度损失大，因为电磁转差离合器本身转差较大，所以输出轴的最高转速仅为电动机同步转速的 80%～90%；调速过程中转差功率全部转化成热能形式的损耗，效率低。

学习活动 2　施工前的准备

学习目标

1. 认识本任务所用双速电动机，能描述它们的结构、工作原理、用途、型号及应用场合。
2. 能准确识读电器元件符号。
3. 能对电器元件进行检测。
4. 能识读电气原理图，了解电路的工作原理。
5. 能正确绘制电器布置图和接线图。

学习过程

一、认识元器件

引导问题：

双速电动机的变速原理是什么？

_____

_____

_____

 小提示

1. 工作原理

双速电动机属于变极调速异步电动机，它通过改变定子绕组的连接方式达到改变定子旋转磁场磁极对数，从而改变电动机的转速。

双速电动机平时转速的高低变化主要是通过 3 种外部控制线路的切换，进而改变电动机线圈的绕组连接方式来实现的。

1）在定子槽内嵌有两个不同极对数的公共绕组，通过外部控制线路的切换来改变电动机定子绕组的接法，从而来实现变更磁极对数。

2）在定子槽内嵌有两个不同磁极对数的独立绕组。

3）在定子槽内嵌有两个不同磁极对数的独立绕组，而且每个绕组又可以有不同的连接方式。

根据公式：$n=60f/p$ 可知异步电动机的同步转速与磁极对数成反比，磁极对数增加一倍，同步转速 n 下降至原转速的一半，电动机额定转速 n 也下降至原转速的一半，所以通过改变磁极对数可以达到改变电动机转速的目的。这种调速方法是有级的，不能平滑调速，而且只适用于笼型异步电动机。

常见的单绕组双速电动机如图 10-1 所示，转速的正比等于磁极对数的反比，如 2 极/4 极、4 级/8 极，从定子绕组 △ 联结变为 丫丫 联结，磁极对数从 $2p=2$ 变为 $2p=1$，转速比为 1/2。

图 10-1　常见的单绕组双速电动机

a）YD 系列双速电动机　b）干洗机专用双速电动机　c）洗衣机用双速电动机

2. 双速电动机定子绕组的连接方式

双速电动机定子绕组 △/丫丫 联结图如图 10-2 所示。图中，三相定子绕组接成 △，由三个连接点接出三个出线端 U1、V1、W1，从每相绕组的中点各接出一个出线端 U2、V2、W2，这样定子绕组共有 6 个出线端。通过改变这 6 个出线端与电源的连接方式，就可以得到两种不同的转速。

电动机低速工作时，三相电源分别接在出线端 U1、V1、W1 上，另外三个出线端 U2、V2、W2 悬空，如图 10-2a 所示，此时电动机定子绕组接成 △，磁极为 4 极，同步转速为 1500r/min。

电动机高速工作时，三个出线端 U1、V1、W1 并接，三相电源分别接到另外三个出线端 U2、V2、W2 上，如图 10-2b 所示，此时电动机定子绕组接成 丫丫，磁极为 2 极，同步转速为 3000r/min。可见，双速电动机高速运转时的转速是低速运转转速的两倍。

值得注意的是，双速电动机定子绕组从一种连接方式改变为另一种连接方式时，必须把电源相序反接，以保证电动机的旋转方向不变。

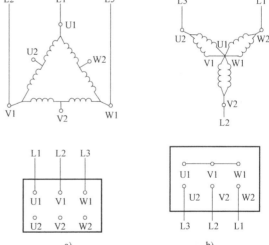

图 10-2　双速电动机三相定子绕组 △/丫丫 联结图

a）低速-△ 联结（4 极）　b）高速-丫丫 联结（2 极）

二、识读电路图

时间继电器控制双速电动机低速起动高速运转控制线路如图 10-3 所示。时间继电器 KT 控制电动机 △ 起动时间和 △-丫丫 的自动换接运转。

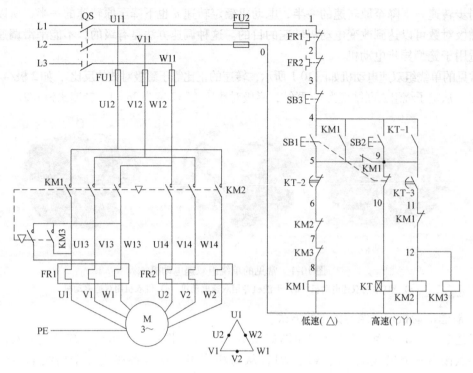

图 10-3　时间继电器控制双速电动机低速起动高速运转控制线路

 引导问题：

简述线路的工作原理？

_____

_____

_____

_____

_____

 小提示

电路的工作原理如下：闭合电源开关 QS。

1.　△低速起动运转

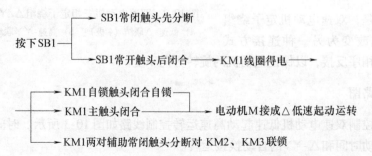

2. YY高速运转

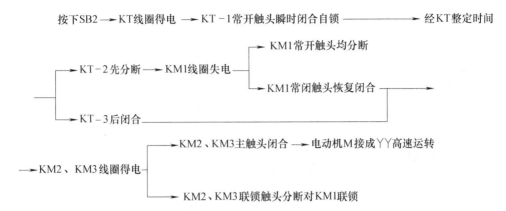

按下SB2 ──→ KT线圈得电 ──→ KT-1常开触头瞬时闭合自锁 ──────────→ 经KT整定时间

──→ KT-2先分断 ──→ KM1线圈失电 ──→ KM1常开触头均分断

──→ KM1常闭触头恢复闭合 ──────→

──→ KT-3后闭合 ──────────────→

──→ KM2、KM3线圈得电 ──→ KM2、KM3主触头闭合 ──→ 电动机M接成YY高速运转

──→ KM2、KM3联锁触头分断对KM1联锁

停止时，按下 SB3 即可。若电动机只需高速运转时，可直接按下 SB2，则电动机△低速起动后，YY高速运转。

三、绘制电器布置图和接线图

1. 绘制电器布置图

2. 绘制电气接线图

时间继电器控制双速电动机低速起动高速运转的控制线路电气连接图如图 10-4 所示。

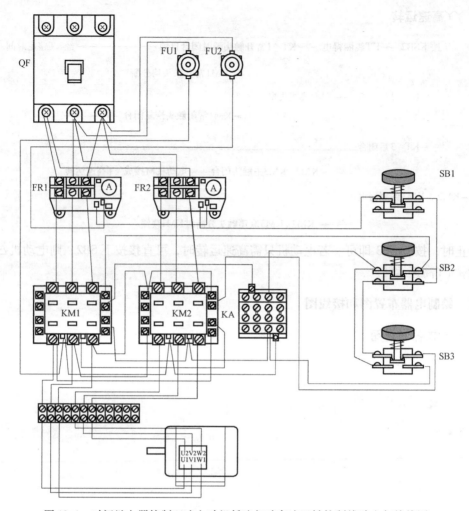

图 10-4　时间继电器控制双速电动机低速起动高速运转控制线路电气接线图

四、制订工作计划

"双速电动机低速起动高速运转控制线路的装调"
学习任务工作计划

1. 人员分工

1) 小组负责人: _____

2) 小组成员及分工

姓名	分工

2. 工具及材料清单

序号	工具或材料名称	单位	数量	备注

3. 工序及工期安排

序号	工作内容	完成时间	备注

4. 安全防护措施

注：根据任务书。需要先拆除旧有线路，再接新的线路。

学习活动3　现 场 施 工

学习目标

1. 能按图样、工艺要求、安全规范和设备要求，安装元器件。
2. 正确安装时间继电器控制双速电动机控制线路。
3. 能正确使用万用表进行线路检测，完成通电试车。
4. 施工完毕能清理现场，能填写工作记录并交付验收。

学习过程

本活动的基本施工步骤如下：

元器件定位→安装元器件→按规范接线→自检→通电试车（调试）→交付验收。

本工作任务中基本不涉及新元件，安装工艺、步骤、方法及要求与学习任务1基本相同。对照前面任务中电气设备控制线路的安装步骤和工艺要求，完成安装任务。

一、根据接线图和布线工艺要求完成布线

安装过程中遇到了哪些问题？你是如何解决的？记录在表 10-2 中。

表 10-2　问题记录表

所遇问题	解决方法

二、自检

引导问题:

写出自检过程。

_____

_____

_____

_____

💡 小提示

（1）电动机不能低速起动故障的检修

电动机不能低速起动的原因有：电源故障；熔断器熔体熔断；控制回路 1-0 号间元件或线路出故障；接触器 KM 主触头或线圈出故障；检查步骤如下。

1）检查电源接触器 KM 能否吸合。按下起动按钮 SB1，判断接触器 KM 是否吸合。如果吸合，就会有响亮而清脆的"喀"声；假如没有吸合，则无响声。注意试车时间要短，应一开即停，否则将可能造成电动机被烧坏。如果 KM 吸合说明 1-8 号间的线路和元件正常，电动机仍不能起动的原因只有两种，分别是电源断相和接触器 KM 主触头接触不良。如果 KM 不能吸合，除了没有控制电源（含 FU2 熔断）外，还可能是控制电路 1-8 号间存在故障或接触器 KM1 的铁心卡死。

2）检查电动机是否断相。当接触器 KM 吸合而电动机不能起动时，可以听电动机有无"嗡嗡"声；用手摸电动机外壳有无微微振动，如有"嗡嗡"声和微微振动，则说明是电动机断相故障。应立即按下停止按钮 SB3，拆除电动机接线，再进行检测，寻找故障点。检测时先用万用表交流 500V 档测量熔断器 FU1 进线及出线的三相线电压，正常时应为 380V。如进线断相，则是电源故障或进线断路，需修理电源或更换导线；如出线断相，则是 FU1 熔体熔断，需更换熔体。

如电压正常，再测接触器 KM 主触头进线及出线的三相电压。如果进线断相，则是线路

断路，需更换导线；如果出线断相，则为 KM 主触头损坏，可修复或更换主触头。

如果 KM 正常，则需再检测 FR1 进出线的三相电压，注意应分别对应两种转速进行测量，先测量低速再测量高速，同样，进线断相是线路断路；出线断相是 FR1 热元件损坏。应进行修复或更换热继电器。

如果接触器吸合，电动机不能起动，也没有"嗡嗡"声和微微振动，则是电动机断开两相电源造成的。应按上述方法检查接触器 KM 和热继电器进出线的三相电压。

3）接触器 KM1 不吸合故障的检修。检修过程如下。

① 用万用表交流 500V 档测量 FU2 进线及出线电压，应为 380V。如仅仅是出线没有电压，则 FU2 熔体断，应更换熔体；如果 FU2 进线没有电压，则为电源故障，按上述方法检查。

②测量 1-5 号间的电压，如电压值为 380V 则正常；如接触器 KM1 不吸合，则为 SB3 动触头未接通，需修复或更换 SB3。

③ 测量 1-6 号间的电压，如有电压正常；则是 KT 延时常闭触头损坏，应修复或更换时间继电器。如没有电压，则是 KM2、KM3 联锁常闭触头损坏或 KM1 线圈连线断路，可切断电源，用万用表 R×1 档，测量 6-7 号和 7-8 号的 KM2、KM3 联锁常闭触头，若断线则需修复，若无断线则需要更换 KM2、KM3 接触器，若 6-8 号电阻为零，则测量 KM1 线圈，应为低值电阻；若电阻为无限大，说明线圈断路，应更换 KM1 线圈。

④ 若各点电压均正常，则可能是接触器 KM1 的动铁心卡死，此时接触器 KM1 在线圈通电情况下应有微微振动并发出电磁噪声。这时，应拆下检查，进行修理或更换。如无微微振动及电磁噪声，也可能是起动按钮 SB1 接触不好，可用万用表 R×1 档进行检查并修复。

4）电动机只有低速点动的检修。首先检查接触器 KM1 的自锁功能。在切断电源的情况下，用螺钉旋具顶压接触器动铁心，使之呈吸合状态，再用万用表 R×1 档测量 4-5 号间的电阻，如果电阻值不为零，则自锁触头存在故障，应进行修复或更换 KM1；如果自锁触头接触良好，则分别测量检查与自锁触头相接的 4 号线和 5 号线是否断开或连接处松脱，找出故障点后，并修复。

（2）电动机一起动就爆断主电路熔体 FU1 的故障的检修

检修这种故障是由于线路短路或电动机短路所致。此时，控制电路短路的可能性极小，因 FU2 熔体的电流等级比 FU1 要小得多，故它应先熔断。

1）检查短路故障点。对于短路点，除被包裹住的导线和电动机外，一般都可以明显地看到灼痕及熔化的金属粒，检修时应注意观察；同时，在断电情况下；用 500V 绝缘电阻表分段测量线路的对地和线间绝缘电阻，找出故障段后，再用分断某些连线头的方法进一步缩小范围，直至找出短路点所在导线或元件，并进行更换或修复。

2）检查电动机转子是否堵转，电动机转子堵转也能造成熔体 FU1 在电动机起动瞬间爆断。检查时，先切断电源，人工转动电动机转轴，电动机应能转动。若无法转动，则说明是电动机卡死或传动机构卡死；如果是电动机转子本身卡死，大多是因为轴承滚珠碎裂造成，可拆修电动机，更换轴承，如果是传动机构卡死，则应由钳工修理。

（3）控制电路熔体爆断的检修

1）在断开电源的情况下，用万用表 R×1 档测量接触器线圈两端电阻，这时应有较大的电阻值，如电阻值为零，则是线圈短路，需要更换线圈；如电阻值很小，而且线圈发烫，并有焦臭味，则线圈有匝间短路存在，同时需要更换线圈。

2）用万用表 R×1 档测量 FU2 的出线端：1 号线、0 号线对地电阻的阻值应无限大。如发现某点对地电阻值极小或为零，则说明存在对地短路点。假设为 1 号线对地短路，此时可拆去 6 号线。若故障依旧，再拆去 3 号线，依此类推，直到故障消除为止。找出短路点后，针对故障发生的原因（元件绝缘击穿、导线绝缘破损、导线连接部分碰地，元器件安装不当使导电体碰地等），进行更换元器件、导线，重新紧固元器件和导线连接点等修理工作。

（4）高速运行时故障的检修

如图 10-3 所示，闭合开关 QS，按下起动按钮 SB2，时间继电器 KT 吸合，KM1 吸合，电动机低速起动运行，经时间继电器延时后其延时常闭触头断开，使接触器 KM1 断电，KM1 释放，其常闭联锁触头恢复闭合，电动机低速运行结束，当时间继电器延时后其延时常开触头闭合后，KM2、KM3 接触器吸合，电动机由低速起动转入高速运行。

电动机不能转入高速运行的检修。此时存在两种情况。

1）电动机低速起动后，一直运行在低速状态，这种故障出自时间继电器 KT，可能是铁心卡死呈断电状态；也可能是延时机构失灵，致使延时常闭触头不能断开。应修理或更换时间继电器，并根据需要整定好延时时间。

2）电动机低速起动，经过一段时间延时后，电动机停止转动。出现该故障时，时间继电器 KT 和接触器 KM1 的线圈回路工作均正常。这种故障首先应检查时间继电器 KT 的瞬时触头 KT-1，在断开电源的情况下，用万用表 R×1 档测量 KT-1 的瞬时触头能否闭合，若能闭合则阻值应为零，如果不能，则应修理或更换时间继电器。如果阻值为零，则测量 KM1 联锁触头，若电阻值无限大，应修理或更换接触器 KM1。如果阻值为零，即为 KM2、KM3 线圈断路，则应更换 KM2、KM3 的线圈或更换 KM2、KM3 接触器。

三、通电试车

引导问题：

断电检查无误后，经指导老师同意，通电试车，观察电动机的运行状态，测量相关技术参数，若存在故障，及时处理。电动机运行正常无误，交付验收人员检查。

通电试车过程中，若出现异常现象，应立即停车检修。表 10-3 所示为故障检修步骤，按照步骤提示，在指导老师指导下进行检修操作，并记录操作过程和测试结果。

表 10-3　故障检修步骤

检修步骤	过程记录
观察记录故障现象	
分析故障原因,确定故障范围(通电操作,注意观察故障现象,根据故障现象分析故障原因,首先确定故障点是在主电路还是控制电路)	
依据电气线路的工作原理和观察到的故障现象,在电路图上进行分析,确定最小故障范围	

（续）

检修步骤	过程记录
在故障检查范围中,采用逻辑分析及正确的测量方法,迅速查找故障并排除	
通电试车	

四、项目验收

以小组为单位认真完善时间继电器控制双速电动机低速起动高速运转控制线路工作任务联系单中内容。

学习活动 4　工作总结和评价

学习目标

1. 能以小组形式,对学习过程和实训成果进行汇报总结。
2. 完成对学习过程的综合评价。

学习过程

一、工作总结

以小组为单位,选择演示文稿、展板、海报、录像等形式中的一种或几种,向全班展示、汇报学习成果。

二、综合评价

评价表

评价项目	评价内容	评价标准	评价方式		
			自我评价	小组评价	教师评价
职业素养	安全意识、责任意识	A　作风严谨、自觉遵章守纪、出色完成工作任务 B　能够遵守规章制度、较好完成工作任务 C　遵守规章制度、没完成工作任务或完成工作任务、但忽视规章制度、 D　不遵守规章制度、没完成工作任务			
	学习态度主动	A　积极参与教学活动,全勤 B　缺勤达本任务总学时的 10% C　缺勤达本任务总学时的 20% D　缺勤达本任务总学时的 30%			
	团队合作意识	A　与同学协作融洽、团队合作意识强 B　与同学能沟通、协同工作能力较强 C　与同学能沟通、协同工作能力一般 D　与同学沟通困难、协同工作能力较差			

（续）

评价项目	评价内容	评价标准	评价方式		
			自我评价	小组评价	教师评价
专业能力	学习活动1 明确工作任务	A 按时、完整地工作页,问题回答正确,图纸绘制准确 B 按时、完整地工作页,问题回答基本正确,图纸绘制基本准确 C 未能按时完成工作页,或内容遗漏、错误较多 D 未完成工作页			
	学习活动2 施工前的准备	A 学习活动评价成绩为90~100分 B 学习活动评价成绩为75~89分 C 学习活动评价成绩为60~75分 D 学习活动评价成绩为0~60分			
	学习活动3 现场施工	A 学习活动评价成绩为90~100分 B 学习活动评价成绩为75~89分 C 学习活动评价成绩为60~75分 D 学习活动评价成绩为0~60分			
创新能力		学习过程中提出具有创新性、可行性的建议	加分奖励:		
班级		学号			
姓名		综合评价等级			
指导教师		日期			

参 考 文 献

［1］ 黄立君. 常见机床电气控制线路的安装与调试［M］. 北京：机械工业出版社，2013.

［2］ 杨宗强. 电气线路安装、调试与检修［M］. 北京：化学工业出版社，2015.

［3］ 林嵩. 电气控制线路安装与维修［M］. 北京：中国铁道出版社，2012.

［4］ 任清晨. 电气控制柜设计制作［M］. 北京：电子工业出版社，2014.

［5］ 鲁珊珊. 电气控制线路设计、安装与调试［M］. 北京：北京理工大学出版社，2014.

参 考 文 献

[1] ...
[2] ...
[3] ...
[4] ...
[5] ...